Thomas
Chien

簡天才
味覺的旅途

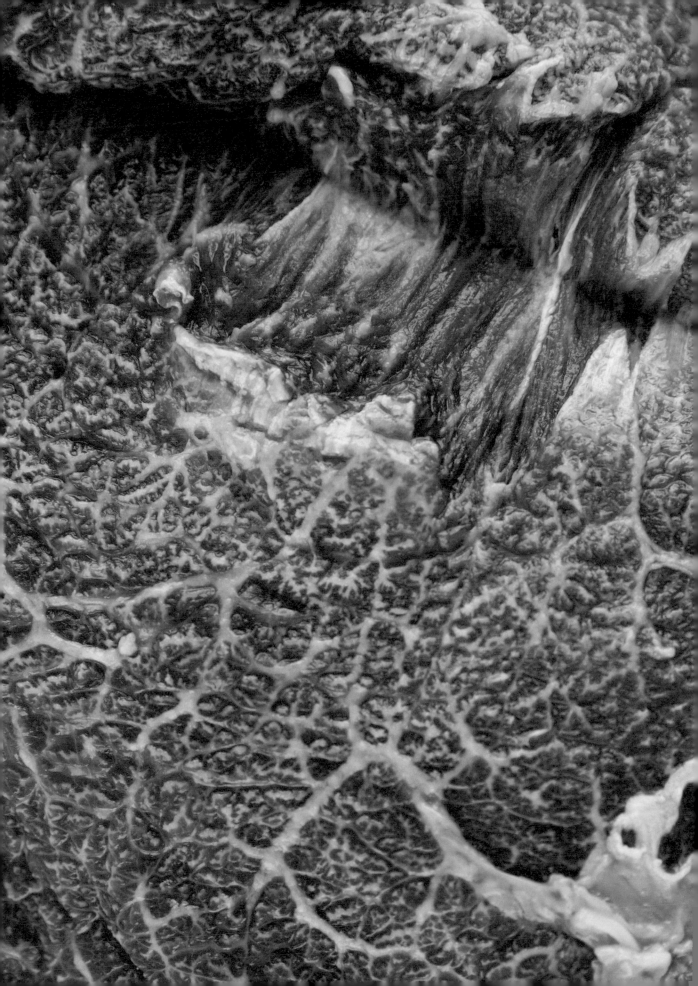

012　推薦序

020　9600 公里，72 小時製程的夢幻煙燻 ── 諾曼第風味蘋果煙燻鮭魚

028　白色黃金與菌菇之王 ── 法國白蘆筍水波蛋羊肚菌醬汁

032　向日本食譜書學習法式經典菜 ── 紅酒燉牛頰

036　與我一起成長的料理 ── 松子風味烤羊排

040　入境隨俗的塔塔 ── 鮪魚塔塔墨魚甜菜根米餅

046　出道 20 年人氣不減 ── 肯瓊風味無骨牛小排

054　rich and unique ── 大地時蔬

058　博古斯的靈感與台灣煙燻小吃 ── 脆皮鮮魚、煙燻洋芋泥

062　綠竹筍的台灣味 ── 綠竹筍鮮魷火燒蝦凍

068　金色的湯 ── 有機玉米鴨肝胭脂蝦

072　夏天的梅子 ── Q 梅沙拉

076　秋姑秋姑龍蝦肉 ── 烏魚子烤紅秋姑

080　烏魚子怎麼用 ── 烏魚子冷麵

084 當料理遇見科學 —— 假巧克力馬卡龍、仿石頭、
雞冠脆餅與蟹黃夾心

088 豬肉界的精品 —— 炭烤豬梅花時蔬

092 台灣土雞 —— 松露黑羽土雞

096 熱炒的精神 —— 芸彰牧場菲力牛肉、焦糖洋蔥汁

102 當水果遇見蜂蜜 —— 蜂蜜酸果鴨胸

106 飲食也是一種風格 —— 番茄風乾橄欖鯖魚

110 bravo —— 義大利麵盒子、葡萄柚三重奏

114 西班牙下酒菜 —— 蒜香橄欖油白蝦

118 一顆荔枝，開啟正循環 —— 玉荷包吐司

122 食材的換與不換 —— 玉荷包冰淇淋

126 形式與本質 —— 奶油鹹蛋黃角蝦

130 吃不到米粒的粥 —— 鮑魚海鮮粥

136 海王子的城堡——馬賽魚湯、龍蝦佐番紅花洋芋、魚湯

140 法式涼麵 —— 蟹肉蔬菜冷麵

味／Tasting

目錄
-
Content
—
008
／
009

146 一生最難忘的十天 —— 英式牛排水波蛋早餐

150 一罐常備的醬 —— 肉醬蔬菜義大利麵

154 來自中卷的友情 —— 鮮魷鑲飯

160 蔬食之神 —— 橙汁糖漬鑲番茄、帕瑪森乾酪、
酸模燉白玉蘿蔔、甜菜根握壽司

164 外帶年菜大明星 —— 紅燒獅子頭

168 去咖啡店吃湯麵 —— 海鮮湯麵

172 大師的玩心 —— 干貝軟膏

176 工藝的精神 —— 索龍尼魚子醬、煙燻黑線鱈洋芋慕斯、蕎麥酥捲

178 台灣茶與台灣牛 —— 台灣茶牛肉清湯

182 庶民小吃代言人 —— 火燒蝦濃湯

186 流水席的 ENDING——煎鴨肝青芒果冰沙

192 台灣＋法國＝生魚料理 —— 竹筍甜蝦烏魚子煙燻魚檸檬凍

196 日租公寓的早餐 —— 蔬菜起司歐姆蛋

200 上菜了，手機先吃 —— 黑魂小漢堡

204 南部人的古早味 —— 番茄切盤薑汁醬油糖慕斯

208 找回純粹 —— 多彩溫沙拉

214 米其林主廚大讚的罐頭料理 —— 魷魚螺肉蒜

218 星星的守護者 —— 布里乳酪四面餃、白雪千層酥

222 爸爸的湯 —— 羊肉松子雜糧湯

226 菜尾 —— 雜菜湯

230 我愛肉燥 —— 肉燥

234 把菜燕變成糖果 —— 菜燕糖

238 向師傅學習 —— 變奏提拉米蘇

252 後序

途／Pathing

目錄
—
Content
—
010
／
011

吳寶春 ╱ 台灣麵包師傅

如果說我對西方飲食文化、法式料理（Fine dining）這個領域的認識，是透過人稱法料南霸天的簡師傅而有更多瞭解，其實是不為過。因為他是南台灣第一位邀請眾多米其林星級餐廳主廚來台客座的師傅，更在自己創立餐廳後，連續七年不間斷與國際名廚合作，這七年的每一場，我都十分榮幸地參與到、品嚐到，每一場都十分精彩絕倫！那些來自國外的名廚們，精心運用台灣食材，呈現出屬於他們心目中法式的味道。簡師傅邀請來的每位主廚都世界有名，更有著自己料理特有的風格，每一場餐會就彷彿出國親臨這些世界名廚的餐廳一樣，嚐遍世間難得的美味，也開啟了一趟又一趟的味覺與感官體驗之旅！

每一次餐會都可以看到簡師傅以及他團隊持續的成長進步，就像是爬山，一直往上前進，爬得越來越高。這就是我心中的簡師傅，時時刻刻都在學習、求取新知，督促自己不要停止，更可以看到他在自己專業領域上積極著墨、努力耕耘。從一個台灣傳統的師傅，成為一個帶領團隊到世界各地去學習交流的廚藝總監，把自己的餐飲事業經營地有聲有色，簡師傅不停止學習向國外取經，也透過引進客座餐會，與世界名廚交流，把屬於台灣的好食材、台灣的廚藝料理、飲食文化、風土文物等等，進一步傳播介紹給全世界。

從認識簡師傅到現在也將近二十多年，好說話、單純質樸、樂於助人、與人為善的特質在簡師傅身上不曾改變；他做事認真、積極的態度以及喜歡分享，更是我十分欣賞的地方！像我做麵包，也常常會跟他交流跟討論，常會問他有什麼新的料理或 sauce，是可以教我搭配做成麵包的，他就曾經幫我用松露蘑菇製作成內餡，讓我包到法國麵包裡，做成了非常好吃的松露麵包！而簡師傅最棒的地方，就是一直很支持台灣小農，與在地小農合作，這也是我跟他一直以來提倡的理念，他很堅持從來沒有放棄，非常難得，他的餐廳也在今年獲得了GDG(綠色餐飲指南) 年度大獎，這是他長期致力於與小農合作、關注友善土地耕種、縮短食物里程、減少碳足跡，並且關懷這片土地關心這個產業實至名歸的殊榮。

到現在簡師傅已經創業九年，我看到他不管在哪個位置，永遠是做事態度認真，不停地在學習，甚至為了把公司經營更好，也去中山大學唸了 EMBA，這是跨越了一個廚藝總監的眼界，用一個更大的視野，全方位的經營者角度來引領公司；同時也與專業經理人團隊一起合作，這九年公司從一家餐廳到目前共擁有三家餐廳、兩家烘焙坊，還有電子商務網店，看到是不停地持續成長，不停的進步，同時也不吝與同業分享經驗並且擔任顧問，簡師傅喜歡分享不藏私，不僅僅體現在與小農的合作上面，從他提攜後輩，關懷餐飲產業，樂於到學校、相關單位分享廚藝，甚至在經營公司員工福利制度建立等等許多地方，都可以看到他為人處世與人共好的理念。

曾經作為他的同事與他共事，直到多年後的現在，我們已經是十分要好的老朋友，聽聞這次他要出書，真的很為他高興。因為這是簡師傅第一本也是他從事廚藝以來最精華的收錄，有著他近四十年來廚藝旅程的探索，在地的、台灣的，國外的，世界的，他的一步一腳印，有著他對廚藝料理的哲學思考、有著他對技法工藝的精益求精，更有著他對這片土地食材的深情。不管你認不認識法餐，不管是否身為專業廚師，或是身為家庭主婦、或媽媽也好，看完以後其實可以在書裡了解學習到一些料理甚至秘訣，也會更清楚 Thomas 的理念，這本書不僅包容了西方、東方文化，更融入了台灣在地文化，都將一一呈現在這本書裡，不管是否身為廚師，或是喜歡料理，甚至喜歡享受美食的你，都是非常值得一看。

徐仲 ／ 飲食文化工作者

以往朋友要我推薦高雄的餐廳，當提起 THOMAS CHIEN Restaurant，介紹主廚是暱稱為 Thomas 的簡天才師傅時，若平日有關注餐飲訊息的朋友，大多會一臉讚嘆，表示天才主廚的菜肯定天才，若朋友屬於狀況外，沒聽過主廚的名號，這時該如何介紹？

我總會講些小故事，若朋友在意時尚品牌，我會告知 Thomas 是南台灣最頻繁邀請國際名廚客座的廚師，諸如蔬食之神 Alain Passard、宮廷主廚 Éric Fréchon、傳奇廚神 Sébastien Bras、瘋狂大師 Pierre Gagnaire、法國唯一三星女主廚 Anne-Sophie Pic 等。對於內行人，便知道能成功邀約就是餐廳品質的保證，因為這些知名主廚，並非花錢就能邀到，關鍵在於邀請方的廚房團隊水平，確保不會砸了名廚的招牌，可見 Thomas 領軍的團隊，能被眾多名廚肯定。

若朋友在意藝術創作，我會告知 Thomas 是個讓我敬佩的主廚，因為多數餐廳邀請世界名廚客座的動機，除了行銷考量，多半會藉機學習，日後在菜單上融入相關作品，然而 Thomas 在每年一位名廚的邀約頻率下，菜色依舊有著高雄的地方味，熟悉的人一品嚐，就知道這是 Thomas 的風格。當我不解詢問，為何經過這麼多名廚洗禮，他的菜色卻幾乎沒受影響？他淡定回答，邀請名廚前來，初衷是讓廚房團隊不跟世界潮流脫節，但經營餐廳的本質，還是在於照顧當地老客人的喜好。放眼理解世界和發展地方風格，這是兩碼子事。

若朋友在意文化論述，我會告知 Thomas 的菜餚詮釋了「傳承和致敬」的精神。他的菜餚有著高雄的澎湃和海味，傳承了在地人的文化共識，且經常到高雄以販售小農產品的微風市集採購，盡量使用高屏地區的物產，在菜單上提及農友的名字和用心，這是一種地方風土味的傳承法。除此之外，他的菜餚發想大多其來有自，建構在許多傳統法餐或知名菜色上，卻又不是一味地模仿，而是以致敬的思維，堆疊自己的發想，譬如以綠竹筍套入法式傳統冷菜 Terrine，或是以台灣街邊常見的煙燻小吃概念，修改「宮廷主廚」Éric Fréchon 的名菜《索龍尼魚子醬、煙燻黑線鱈洋芋慕斯、蕎麥酥捲》。

說句實話，我和 Thomas 相識十年，能談的小故事還真不少。

唯一的問題，在於……他都已經出食譜書了，內容包含創作的基礎源起和滋味的起承轉合，清清楚楚明明白白，菜餚就是主廚的名片，我為何還要多嘴碎念的講故事？

直接買書吧！你會知道，Thomas 之所以被稱為天才，自有論述。

高琹雯 ／ 作家、Taster 美食加 創辦人

簡天才師傅是台灣土生土長的法餐主廚，由本土育成，卻不被土地束縛，不斷向海外求教請益，再連結回己身與家鄉。這本書，將他三十年來的探索旅程，攤在我們眼前。

這是一本主廚的成長史，作品的集大成，然而，卻沒有這類精裝書常有的不可靠近。讀來，仍親切自在，就像簡師傅本人與我聊天，看得見他誠摯的眼神。他對台灣食材用情至深，一篇篇食譜中，見他細數綠竹筍、梅子、台灣豬、台灣牛、火燒蝦、烏魚子，以及各產地或生產商，不經意間，訴說了他與在地風土和生產者長期交往的感情。

對於台灣常民的味道，以及法餐技巧的詮釋，也蘊含許多他個人的見解與手路。難得的是，這本書不唯餐廳等級的精緻料理，也有平易近人的家常菜色，一般讀者絕對能在家做做看。

本書另一精彩部分是，簡師傅自 2013 年至 2019 年，年年邀請歐洲一線大廚來高雄「THOMAS CHIEN」餐廳客座，包括 Alain Passard、Pierre Gagnaire、Andoni Luis Aduriz、Éric Fréchon、Sébastien Bras、Anne Sophie Pic、Gérald Passédat，驚人的世界級名單，其菜色簡介與合作緣由，都收錄在其中。

盼望簡師傅味覺的旅途，走到更遠的地方。

陳千浩 ／ 釀酒師

二十世紀初，隨汽車工業蓬勃發展，居住在巴黎的富豪開始駕車前往地中海度假；翻閱兩次世界大戰之間的米其林評鑑，不難發現由北而南沿著 A6 與 A7 國道延伸到蔚藍海岸，為了迎接來自巴黎喜愛美食美酒的豪門貴族，沿途各地餐廳飯店主廚紛紛將家鄉傳統「地菜與地酒」做得更精緻美味，吸引這些有消費能力的高檔觀光客上門。而這條前往地中海度假之路，彷彿由米其林星級餐廳排列而成的星光大道：從勃根地 Joigny 村的 Laurrain 家族、Vézelay 村的 Marc Meneau 主廚、Saulieu 村的 Alexandre Dumaine 與 Bernard Loiseau 主廚、Chagny 村的 Lameloise 餐廳，到里昂法式料理之母 La Mère Brazier 與廚神 Paul Bocuse，布列斯雞料理之王 George Blanc（Bresse）、隆河谷地 Vienne 村的 Fernant Point 主廚，延伸到南法普羅旺斯的 L'Oustau de Baumanière 餐廳。各地方風味獨有的「地酒搭配地菜」開始蔚為風潮，觀光客特別慕名而來。60 年代開業的巴黎名廚 Alain Senderens 甚至攻讀葡萄釀造學，首推一道菜搭配一款酒的菜單，媒體讚譽其為法國餐酒搭配之父。從此開始，完美餐酒搭配成為米其林餐廳顯學。

1922 年台灣實施菸酒專賣制度，曾經燦爛的在地酒文化因而消失，也更遑論地酒搭配地菜。2010 年，米其林餐酒搭配流行風潮吹抵台灣，高雄接待有史以來第一位來台客座的米其林三星主廚 Christian Le Squer 。為了這場餐會，時任 Pasadena 餐廳簡天才師傅團隊 6 個月前就前往巴黎受訓，為的是掌握每一道菜的食材與烹飪技巧。當時未演先轟動，餐券半年前就銷售一空，各大媒體無不爭相報導。很榮幸受簡師傅邀參與挑選服務搭配葡萄酒；在思考主廚招牌甜點「生熟葡萄柚雙重奏 Croquant de pamplemousse cru et cuit」，我忐忑地端出

自己在后里樹生酒莊，用特殊熱熟成釀造的本土葡萄酒，沒想到搭配後甜蜜糖漬與熱帶水果與蜂蜜滋味完全融合在一起，因此締造台灣地酒首次端上三星米其林餐桌的紀錄。由於米其林餐會舉辦成功有口皆碑，2013 年簡師傅成立自己的品牌 THOMAS CHIEN 後，我便開始協助接洽各國主廚，並與簡師傅一起到歐洲實習。地菜與地酒是自然環境與文化所孕育，就是風土的滋味。各國主廚所挑選的食材，加上烹飪技巧的運用與人格特質，透過餐桌上的藝術美食詮釋。不斷地向世界頂尖名廚學習，過程不但開闊視野，這些無形的養分也成就了簡師傅團隊的在餐飲界裡獨特風格，食材挑選與烹飪的靈感。至 2021 年為止，簡天才師傅共舉辦過八場米其林客座餐會，為全台之最。

簡師傅細心質樸的個性，從不吝嗇於讓團隊一起學習成長，鼓勵團隊成員挑選國外廚藝烹飪課程，資助出國精進廚藝。就算有朝一日離開團隊，他笑著說：『至少台灣變得更美好』。這就是我認識的簡天才師傅，一位以忠於「利他」的美食主廚。很榮幸與簡師傅共事，在美食與酒的世界不斷地保持謙遜與積極向上的態度，感謝上天給我們這條追尋並分享美好人生的餐飲之路。

番紅花 ／ 作家

———————

媒體和顧客獻上「南霸天」稱號給簡天才師傅，以表彰他在高雄精緻餐飲的位置，但其實簡天才在法餐料理的純熟技藝、對國內有機農業的支持、餐飲經營理念的遠見、對公益慈善的鼎力支持，何止是南部，放眼全國，他也是最卓越最受人敬重的主廚之一。

但不論鎂光燈多麼明燦聚集在他身上，簡師傅低調、內斂、謙和、打拚的個性始終不變，想吃美味的歐陸料理，親臨 THOMAS CHIEN and LA ONE 即可獲致味蕾的感動，但若想追索簡師傅在餐飲之路的奮鬥與洞見，欲探見一位主廚對在地農漁畜牧業的影響力，則此書是極佳的入門之鑰。

葉怡蘭 ／ 作家、PEKOE 食品雜貨鋪 創辦人

———————

讀來滋味盎然的一本食譜書。不單單因著書中菜餚之活色生香躍然紙上令人食指大動，還在於此書所栩栩呈現的，一位台灣當代法菜名廚的面貌和身影。

「向外張看、向內回望」，這是台灣，不，應該說是近二十幾年來，全球西菜領域廚人們共通的追尋與邁進之路——法菜背景訓練、以法式廚藝為共通語言，一方面受以法國為首、而後西班牙與其他西方國度名廚技藝和作品的影響與涵泳，一方面同時努力回看自己的根生土長之地。

立足南台灣、在高雄耕耘多年的簡師傅，則毫無疑問是此中代表人物之一。

而這本書之最動人處，便是完整體現了這追尋與實踐軌跡：法菜為骨幹，在地食材、在地語彙為創作根基和血肉，透過書裡一道又一道的作品以及此中食材、步驟、作法、發想與故事，——躍然眼前，彌足珍貴。

蔡倩玟 ∕ 國立高雄餐旅大學食創所 教授

多年前我從法國回來後赴高雄參加教職面試，當天天氣極差，抵達約定地點時幾乎半身濕透狼狽不堪，還記得當晚好友請我去帕莎蒂娜法國餐廳用餐，閒聊過去在巴黎的美好回憶、品嚐道地的法國佳餚，即使窗外仍下著大雨，我卻突然覺得未來一片光明，開始期盼能來有如此美食的城市工作。餐後簡天才主廚來致意，得知他也看過拙作《美食考》，真是意外的驚喜！搬來高雄後我擔任法國三星主廚 Christian Le Squer 在帕莎蒂娜法國餐廳客座餐會的翻譯，他跟台灣方面的簡主廚團隊合作無間。

2012 年簡主廚成立了自己的餐飲品牌，隔年開始邀請法國三星主廚來客座，也邀請我擔任全程翻譯，從事前的食譜菜單到結束後赴高雄餐旅大學演講示範，至今共有 Alain Passard、Pierre Gagnaire、Éric Fréchon、Sébastien Bras、Anne-Sophie Pic、Gérald Passedat 六位，全都是法國廚藝界的一時之選，餐會每一場都座無虛席，叫好又叫座。

我用心觀察每一場的準備過程，除了深刻體會到星級廚藝的精妙之處，更驚嘆在簡主廚的和善帶領下，內外場團隊總是能達到三星主廚的（嚴苛）要求，每一位法國主廚在離開前都對我稱讚高雄團隊的優越能力。欣聞簡主廚要把多年的料理心得集結成書，我想無論是美食愛好者或廚藝相關從業人員都能從中獲得啟發，也希望疫情難關能儘快克服，讓簡主廚的團隊早日與第八位三星名廚合作。

劉邦初 ∕ 異數宣言 創辦人

簡師傅與在地小農合作已有好長一段時日了，在我的印象裡，甚至可以說他是餐飲業中重視友善耕作的先驅，與生產者互助，能讓在地風土食藝的產業鏈更加完滿。他年年邀請世界米其林星級主廚到 THOMAS CHIEN 客座，時刻學習、親力親為，和各地師傅研討，並把美好的經驗留在島內。我們皆屬胸懷理念的美學實驗者，深信良善循環，願豐饒的臺灣島嶼能永保各地食藝文化，進而將之推向國際。

機緣之下，簡師傅擔任 The One 的廚藝顧問，我常常瞥見他進出廚房，嚐了那些湯料理，聽他分享食材故事、見他提攜後進，便明白他是言無不盡、傾囊傳授。無論是 THOMAS CHIEN 還是 The One，我們對料理、食材的態度恪守推廣在地風土、支持臺灣蔬果禽魚，以上乘食材玩習食藝，並結合各地文化感—————如書中將傳統料理做全新轉譯，這也是我們相知的美好源頭。

簡師傅的料理穿透人心，他的心思，唯使人一回又一回地降服於味覺的旅途。

謝育仁 ／ 高雄市產業發展協會理事長暨博雅資本（股）公司董事長

育仁跟簡師傅的緣分來自於 2012.4.23，餐廳開幕之後，當時簡師傅用自己的英文名字「THOMAS CHIEN」在高雄軟科一樓開設了第一家法式料理餐廳。以多年累積的廚藝跟熱情，開始創業起跑！同時也讓高雄人有多一個優質用餐環境的選擇。那時候我們有 7 位一支會品酒的好友們，在肝膽腸胃名醫雄大診所鄭錦翔院長的號召下，就經常相約這裡用餐品酒因此而熟識，並且幸運地成為餐廳早期會員之一。

到了 2017.12.20，那天我記憶深刻。時機成熟下，我安排了中山大學管理學院陳世哲院長以及洪千筑主任一起前去餐廳拜訪簡師傅，並成功說服他為了餐飲事業跟核心團隊能夠更上層樓，應該是要選擇南部歷史最悠久、有最好師資跟最多校友的國立中山大學 EMBA 課程進修。好處是不但能精進經營管理實務、也能拓展多元人脈與行銷餐廳品牌，帶來正面效益。還熱心地成為簡師傅的推薦人，原因是多年以前我們中山錯過了台灣之光吳寶春師傅，這次中山管院一定要更主動積極才行，因為簡師傅夠優秀卓越。中山人一家人，未來必能榮耀中山。

簡師傅的本名簡天才雖名為「天才」，但他卻常謙虛地說自己只是碰巧被如此取名而已，但其實身為簡師傅的友人，我們深知簡師傅是憑藉著自己的努力，從年輕時就開始在西餐廳打工，到不斷精進練就扎實的廚藝基礎、走遍全球拓展視野、培養優秀團隊、贏得客戶信賴、持續優化商業模式、以利企業永續經營。一路走來時至今日，才有人稱「法餐南霸天」的好名聲好商譽。

這次有幸拜讀了簡師傅的大作之後，驚覺這是一本會吸引人如追劇般忘我地讀下去、是一本融合了美食藝術＋自我實現的雙重效果好書。書中簡師傅回憶他，與美食邂逅的故事，在全球拜師觀摩學習回台後，如何運用我們在地食材去創作出色香味與美感俱全的新菜色。簡師傅常跟我分享料理也講究天地人、生態、土地與環境，他認為台灣好山好水各地農民辛苦產出的好食材應該被世界看見，猶如書中所分享的美食烹飪做法。因此簡師傅在各項料理中大量地使用了來自於台灣這片土地的各種農漁牧蔬果作物，希望能透過他創作與研發出的菜色能傳遞給更多人。一方面讓大家認識台灣土地孕育著豐富物產，透過食材傳達料理生態意涵；另一方面以匠人精神將其化作一道道美味可口的桌上佳餚。除了能增進親情友誼、也能讓世界看到台灣這塊土地的生命力，並展現友善料理生態的驕傲與價值。

最後，套一句簡師傅說的：「一段文字描繪的畫面，光是閱讀就能讓我陶醉在料理帶來的動人滋味」。簡師傅將他對台灣在地食材的用心，付出實際行動創作回味無窮的好滋味與迴響不斷的真摯感動。台灣不缺少美味，只缺用心與發現。天才學長做菜，就是讓人放心！

口 TASTING 未

9600 公里，72 小時製程的夢幻煙燻

法國北部的諾曼第（Normandie），其美麗的海岸線曾吸引如莫內等印象派畫家來此作畫，二次大戰的諾曼第登陸更是近代歷史一頁經典的戰役。我在 2004 年曾前往法國巴黎 Ecole Lenôtre 廚藝學校進修料理課程，但回台之後，心心念念的不是風景，而是在諾曼地吃到的煙燻鮭魚。

趁著廚藝學校的休假時間，我拜訪了諾曼地名店 Restaurant La Villa des Houx，〔以「煙囪」圖案，作為評等符號的法國餐館評鑑（Logis de France），給這家餐廳「3 根煙囪」的高評肯定〕。主廚 Alain Mauconduit 的招牌菜「燻鮭魚」，讓我驚為天人，當時我特地向主廚求教，還獲得主廚傾囊相授，告訴我哪裡可以買到同款煙燻烤箱。返台之後，我迫不及待在台灣照本宣科自製煙燻鮭魚，但始終與那趟法國行的美好記憶相去甚遠。

由於 Alain Mauconduit 的燻鮭魚實在太過美味，我開始尋思邀請主廚來台客座。好事多磨，三年後終於拍板成行。後來才知即將邁入花甲之年的主廚，有意在台灣客座結束後退休，並將餐廳交給兒子接棒。回想起這段往事，總會分外感念如此難得的相遇之情。

道地法國諾曼第的傳統煙燻法，一共需要三天的製程，為了把握主廚親自傳授招牌絕活的機會，我幾乎是全程緊迫盯人，絕不能錯過任何一個細節。

首先，選用「鮭魚菲力」，並用布列塔尼海鹽醃漬 8 小時。由於台灣精製鹽的滲透力太強，

醃漬後的鹹味稍重，產自法國大西洋海岸的布列塔尼半島一帶的海鹽，鹹味輕柔圓潤，用它來醃漬，才能給予鮭魚足夠的時間緩慢入味。醃漬完成的鮭魚，洗淨擦乾後再放進冰箱冷藏風乾 24 小時。

第二天則是煙燻鮭魚的重頭戲，將冷藏風乾的鮭魚放入特製的歐洲煙燻台，以核果木冷燻 7 小時。其中關鍵在於維持 2 ～ 5℃低溫狀態，因此煙燻箱內必須放入冰塊降溫，以微少的煙量確保鮭魚不受高溫影響。冷燻完成後，同樣再放到冰箱。最後則將鮭魚在冰箱中放置一天，使其熟成。

雖然煙燻鮭魚是一道很普遍的料理，在歐洲所使用的處理方式也很傳統，但這是我第一次從頭學習歐洲人是如何運用低溫煙燻法。

特別是量化的料理思維，鮭魚的重量、海鹽的分量、醃製的時間，其實都可以數據化。當然微少的煙量仍須憑藉料理人本身的熟練經驗予以控制，但這也正是最重要的技術所在。

煙燻鮭魚的傳統吃法，是搭配洋蔥、酸豆與檸檬。而道地的諾曼地吃法，其實是搭配拌芥末醬、蘋果片，與混合酸奶的沙拉一起享用。

這道料理也讓我看見在地食材的獨特性，由於諾曼第的奶製品與蘋果樹非常出名，蘋果的酸甜滋味與煙燻鮭魚恰好合拍。酸奶調成的芥末美乃滋、簡單的蘋果片，這就是道地的諾曼第風味，不需要五花八門的層次堆疊。

餐桌上，一盤煙燻鮭魚搭配蘋果酒，就可以換得親朋好友聚會的美好時光；搭配班迪尼克蛋，瞬間便化身成豐美的歐陸早餐。

好搭配、簡單，又非常美味的煙燻鮭魚，誰想得到其實過程一點也不簡單呢？

諾曼第風味蘋果煙燻鮭魚

10 人份

食材 Ingredients

煙燻鮭魚

新鮮鮭魚	1 尾
天然灰海鹽	3KG
蘋果木屑	80g

檸檬優格 / 蘋果優格

新鮮檸檬汁	100ml
細砂糖	18g
燕菜膠	1.6g
酸奶	20g
蘋果丁	300g
洋蔥丁	30g

蘋果薄霧

蘋果汁	200ml
西芹汁	200ml
燕菜膠	12.8g
吉利丁	4.8g
檸檬汁	少許
鹽	少許

酸奶芥末醬

芥末	10g
酸奶	20g
酸豆	10 顆
茴香葉	10 葉

作法 Method

煙燻鮭魚

01 / 生食等級的新鮮鮭魚去骨挑刺,取 2 片帶皮鮭魚菲力,蓋滿灰海鹽,以 1 公斤醃 1 小時的比例進行脫水醃漬。

02 / 醃漬時間到後,洗清灰鹽,擦乾。放進冷藏冰箱風乾隔夜。

03 / 隔夜放入煙燻箱,維持燻箱溫度 5℃,冷燻約 7 小時(一整條新鮮鮭魚平均煙燻時間為 7 小時)。

04 / 於冰箱隔夜冷藏風乾後備用。

檸檬優格 / 蘋果優格

01 / 檸檬優格:將檸檬汁加砂糖,並加熱至糖融化,接著加入燕菜膠,以手持均質機打勻後,放入冰箱冷藏。

02 / 將冷藏成固體狀的檸檬優格取出,以調理機打勻並以篩網過濾。

03 / 拌入酸奶,即可食用。

04 / 蘋果優格:將蘋果切小丁,洋蔥切細末,拌入完成的檸檬優格即可享用(出餐前再拌好)。

酸奶芥末醬

在食器中加入芥末與酸奶,均勻混合後即完成。

蘋果薄霧

01 / 使用研磨機,將蘋果與西芹分別打成果汁,過濾備用。

02 / 在小鍋中,倒入蘋果汁、西芹汁、檸檬汁,加熱放入吉利丁、燕菜膠打勻後放入冰箱冷藏。

03 / 以量匙舀起一匙冷卻的蘋果西芹汁,將之抹上大理石板,透過石板的低溫,蘋果西芹汁便會快速凝固,凝固後利用圓形模具印出薄片。

擺盤

01 / 將冷藏風乾後的鮭魚菲力切為一口大小小塊。

02 / 在煙燻魚塊上,加入蘋果丁,並蓋上一片蘋果薄霧。

03 / 最後在蘋果薄霧上,放入酸豆與茴香葉,即可享用。

味
—
Tasting
—
026
╱
027

白色黃金與菌菇之王

同時擁有「貴族白美人」、「可以吃的象牙」、「國王的餐食」、「皇家美食」、「白色黃金」眾多美譽的法國白蘆筍，是每年春天法國饕客們所引頸期盼的重點季節食材。

2004 年 5 月，時值春暖花開，法國主廚 Alain Mauconduit 的餐廳 Restaurant la Villa des Houx，也是我對於這道料理的「第一次」邂逅。

在歐洲，白蘆筍搭配炒菌菇醬汁是一道很傳統的料理，法國人、西班牙人很常將白蘆筍、蛋與菌菇三樣食材搭配一起吃。

這道傳統料理非常經典，許多食譜書都有相關介紹，不過我自己則更偏愛法國版的詮釋。

由於風土的緣故，法國菌菇多是野生居多，如羊肚菌、雞油菌、黑喇叭菇、羊蹄菇。鄉下人家大多會自己採菇或拿來販售，與台灣溫室環境培養的菌菇風味有別。

有趣的是，在法國我們常常會納悶怎麼吃到沙子？因為法國人認為把菌菇洗乾淨，等於是洗掉菌菇味道，所以法國廚師通常只會拿小刀刮除菌菇底部的介質，對他們而言，那是大地的味道。

羊肚菌、白蘆筍、水波蛋三種食材本就各有特點，混搭在一起則更為出色。為了能夠更精緻地呈現這道傳統料理，我在水波蛋技法裡加入更上一層樓的創新，使用仿布拉塔起司（Burrata）的作法；先以 65°C 水烹煮 45 分鐘，然後放入滾水將蛋煮 1 分鐘，使蛋的外表熟化成 Burrata 的樣貌，這就完成了溫泉蛋的前置準備。白蘆筍水煮後，再用奶油稍加香煎，再將以波特酒與雞汁煨煮的羊肚菌濃縮成醬汁淋上。凝縮酒香與甜味的羊肚菌，正好烘托出白蘆筍的清甜。

溫泉蛋蛋白熟化之後，便形成表面有彈性，中心濕潤多汁的水波蛋。這時劃開水波蛋，半熟蛋黃便如醬汁般流出，吃起來更加濃稠，味道更似濃郁的義大利的莫札瑞拉起司（Mozzarella），裹附白蘆筍入口，香氣更加飽滿。

法國白蘆筍料理的傳統作法，本就是與蛋黃搭配，循著對這道料理的記憶，我試著加入自己的想法。一開始溫泉蛋試水溫，後來進化成水波蛋，無論味覺、視覺上的表現，都煥然一新。

由於料理主體是由水波蛋堆疊而成，因此出場的配角也可以豐富多變。每到春天，我就會想起這道料理，如果有白蘆筍，我就會單純選用羊肚菌，與水波蛋搭配；若只有菌菇，我則會把羊肚菌、雞油菌等多樣菌菇一起炒過，炒後的菌菇不用煨煮，以免所有菌菇味道混和在一起。

一口咬下，裹附蛋黃的小小菌菇，每一口都是不同的宇宙。

法國白蘆筍水波蛋羊肚菌醬汁

1 人份

食材 Ingredients

法國白蘆筍	1 支
鹽	少許
奶油	少許
水波蛋（全蛋）	1 粒

雞高湯 40 人份

全雞	1.5kg
紅蘿蔔	125g
白蘿蔔	125g
西芹	15g
蒜苗	10g
洋蔥	3 g
月桂葉	1 片
百里香	5g
白胡椒	少許
水	2.5 L

羊肚菌醬汁

羊肚菌	10g
紅蔥頭	1g
波特酒	40ml
雞高湯	40ml
酸模	3 葉
香葉芹	3 葉

作法 Method

法國白蘆筍

01 / 將法國白蘆筍削皮後，準備熱水並加入少許鹽巴，
煮約 7 分鐘。

02 / 撈起後切成五等分，使用奶油將之表面煎上色備
用。

水波蛋

01 / 以 65℃熱水，將蛋煮 45 分鐘後，撈起備用。

02 / 把蛋打入碗中，放入滾水煮 1 分鐘成水波蛋狀態。

雞高湯

01 / 全雞洗淨，放入鍋中加水一起煮。

02 / 水滾後去除浮渣，加入蔬菜、香料。

03 / 至滾後轉小火燉煮 6 小時。

04 / 過濾湯汁，雞高湯完成！

羊肚菌醬汁

01 / 乾蔥炒香後加入羊肚菌，接著加入波特酒以及雞
高湯。

02 / 持續加熱，待水分散去，濃度提高至稠狀後調味
備用。

擺盤

01 / 將溫泉蛋放入餐盤中間。

02 / 接著將白蘆筍放入盤中，可使其圍繞著溫泉蛋，
呈現環形的盤飾。

03 / 羊肚菌醬汁淋入盤中。

04 / 最後在白蘆筍與溫泉蛋的空隙之間擺入酸模與香
葉芹，即可上菜。

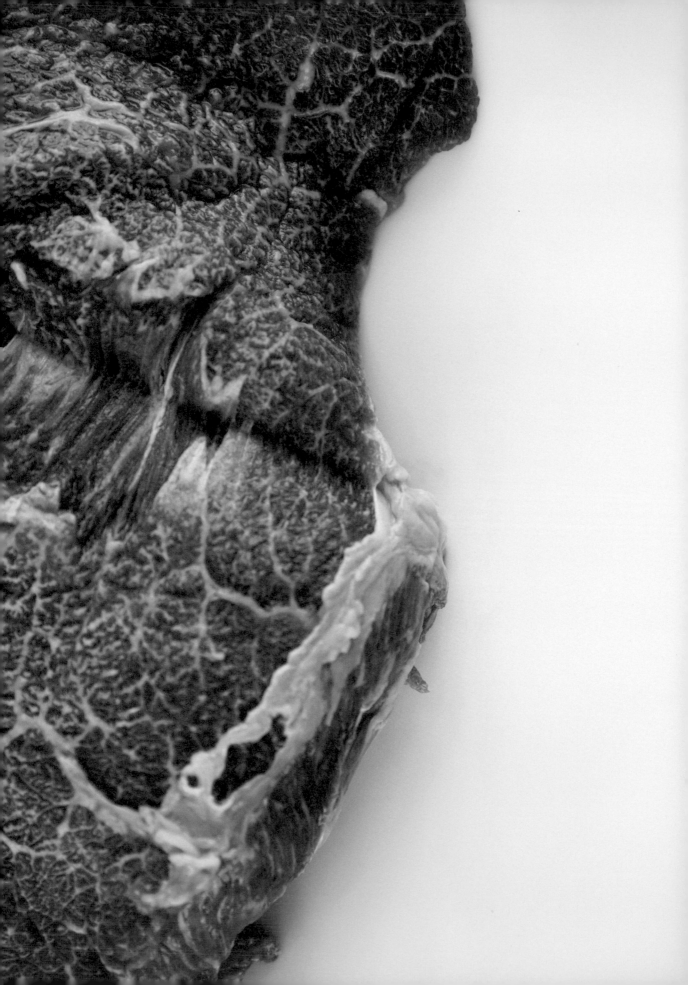

向日本食譜書學習法式經典菜

「選用頂級牛頰肉，費心以波特酒長時間熬煮入味，因火候準確拿捏，入口不柴不澀，只見肉質仍嬌柔滑嫩，膠質誘人軟綿，堪稱為最纏綿柔情的一道歐陸家常菜。」

一段文字描繪的畫面，光是閱讀就能讓我陶醉在料理帶來的動人滋味。

紅酒燉牛肉是法式傳統料理中，一道特別經典的美食，電影《美味關係》（Julie & Julia）描寫美國名廚茱莉亞・柴爾德（Julia Child）廚藝生涯的劇情，也因為這道料理而名噪一時。

這是一道用「時間」換來的料理，其烹飪過程無法快速上桌，之所以能夠流傳千古必然經得起時間的考驗。

以波特酒燉煮烹調的料理方式，傳統且重要。《勃根地紅酒燉牛肉》便是其中的代表，由於勃根地是法國的產酒區，所以當地人們製作料理時，時常會以酒入菜。其實東西方料理往往有異曲同工之妙，我們滷肉，他們燉肉；醬油是我們的文化，豬肉是我們的主要肉類；他們的飲食則是釀酒和牛肉，而勃根地就是紅酒的故鄉，美味的紅酒燉牛肉順理成章地成為一道經典美食。

我還是西餐學徒時，就要學會燉牛肉了。早期都是師徒制，師傅教什麼，徒弟就學什麼，當時的我並不知道原來這是法國傳統料理，畢竟勃根地什麼的，離我們太遠了。現在時代不一樣了，打開電腦，手指點點 google 或 youtube 就可以找到各種資料。在那個沒有網路的時代，想要學習新的知識，還是要靠看書，因此我也喜歡蒐集食譜，這個習慣，在我後來研究法國菜的時候，起了極大的幫助。

這道《波特酒燉牛頰》就是我從食譜書研讀而來，為我打開這扇窗的，便是日本法式料理鐵人，石鍋裕的食譜書。日本食譜書的配方步驟精準且詳細，對自學者而言，很適合如法炮製。

不過，法國人其實比較少用牛頰烹調，一般會選用牛臀肉或牛肋條，因此這道菜更常出現在北義。牛頰比起牛尾等其他部位，膠質適中，且纖維細緻。

2008 年，我到義大利參加慢食展，在北義就經常看到當地人享用燉牛頰料理。回到台灣後，我也想用牛頰來突破一般人的既有印象，於是這道以波特酒燉牛肉的法式傳統料理，便在傳統之間找到破口。料理風味依然源自法國，但口感的記憶卻在義大利，我把兩者結合起來，探索舊菜新作的可能性。

燉得軟嫩的牛頰肉，整塊肉膠質非常豐富，再裹上綿密的洋芋泥，足以體會入口即化的天作之合。

在法國人的餐桌上，波特酒燉牛頰也可以是家常早餐，將牛頰肉搭配洋蔥、西芹與波特酒一起燉煮，香嫩膠質使得口感滋潤鮮甜，挾帶鮮甜酒香的滋味，可是叫好又叫座的國民美食；搭配燉菜或佐麵包，都是法國習慣的飲用方式。

紅酒燉牛頰

1 人份

食材 Ingredients

牛頰	1.5kg
麵粉	適量
鹽 & 胡椒	適量
橄欖油	適量
大蒜	20g
乾蔥碎（紅蔥頭）	20g
洋蔥	200g
紅蘿蔔	100g
蒜苗	40g
西芹	60g
巴西里梗	15g
月桂葉	3-4 片
百里香	適量
黑胡椒粒	1g
牛高湯	1L
番茄糊	30g
牛番茄	200g
紅酒	700ml
花椰菜	1 朵
芥菜花	1 隻
蕪菁	半塊
綠櫛瓜	2 小球
小洋芋	半顆
小紅蘿蔔	1 小隻

牛高湯

牛筋肉（或牛腩肉）	500g
胡蘿蔔	25g
洋蔥	25g
蒜苗	10g
帶皮蒜頭	5g
水	1.2L
月桂葉	1 片
百里香	1 支
黑胡椒	5g

作法 Method

牛高湯

01／於湯鍋中加入水與牛筋肉，煮開後，將雜質從湯中撈出。

02／清除雜質後，將其他蔬菜加入鍋中，轉小火燉煮 7 小時。

03／燉煮過程中，同樣須注意撈出雜質。

04／熬煮 7 小時之後，將湯汁以棉布過濾後備用。

配菜

01／蕪菁、小紅蘿蔔、洋蔥煎熟備用。

02／將白花菜、芥菜花、綠櫛瓜、小洋芋，煮熟後以胡椒鹽調味備用。

牛頰肉

01／牛頰肉以鹽、胡椒調味後，沾麵粉下鍋煎至上色備用。

02／以橄欖油將大蒜、乾蔥炒香，放入洋蔥、紅蘿蔔、蒜苗、西芹、巴西里梗炒軟後，加入番茄糊拌勻。

03／加入紅酒，煮至稠狀後加入切碎後的牛番茄、牛高湯，以及牛頰肉，以小火燉煮約 90 分鐘。

04／燉煮完畢後，將牛頰肉取出，剩餘的湯汁以濾網過濾，便成為濃縮的牛肉醬汁。

擺盤

01／將燉煮過的牛頰肉先放入盤中。

02／接著在牛頰肉的周邊放入蕪菁、小紅蘿蔔、洋蔥、花椰菜、綠櫛瓜、小洋芋等配菜（可依時節變化）。

03／擺放時可讓綠色蔬菜均勻分布，讓配菜圍繞著牛頰肉。

04／最後在牛頰肉上放斜放一株芥菜花，並淋上牛肉醬汁，即告完成。

與我一起成長的料理

記憶中的這道松子風味烤羊里肌，從我出道迄今，應該已超過 20 多年的時間了。在推陳出新的法式料理浪潮中，這道菜始終令常客百吃不膩，也多次出現在跨界合作的餐會。

我把松子香草奶油烤羊里肌鋪陳在鮮綠繽紛的蔬菜上，聚焦了所有目光。打破食材的既有形象，使其以意想不到的方式出現，但又忠實保留料理風味。對西餐廚師而言，這道料理的難度不算太高，如何同中求異，也因此成為我詮釋料理的樂趣所在。

這道料理的「松子風味」，其實也就是一般熟知的羅勒松子醬。

青醬 pesto，是起源於北義大利熱那亞（Genova）的調味醬，而 pesto 有「搗碎、碾壓」的意思。 pesto 最傳統的作法，是用大理石缽與木杵，將甜羅勒、松子、橄欖油，以及義大利人自豪的帕瑪森起司（Parmigiano-Reggiano），以人工搗磨成泥狀。

它是料理義大利麵的靈魂組合，普遍用在南法、義大利、地中海料理，通常都是搭配羊肉，有時也會是海鮮的最佳良伴。

某種程度上，料理其實也像數學公式，遵循同樣的規則與方式，就能夠得到一致的答案，但我也不是個一成不變的人，於是我對 pesto 有了更多的想像。

我想，原本是液體的 pesto，如果可以製成半固體狀，將之裹在羊肉上，跳脫「醬汁」固有的畫面，肯定能夠給人耳目一新的新鮮感。

因此在作法上，我用奶油替代橄欖油，把松子、羅勒、巴西里等固形物的比例加重，與奶油一起打成泥狀。之後填入圓柱狀容器加以冷藏，在低溫下凝結成固體。奶油含有乳製品的香氣，與原本橄欖油所呈現的口感和香氣不同，當松子香草奶油裹上煎熱的羊里肌上，吃起來非常溫暖。

其實奶油的應用在法國本來就有類似的作法，有些法國料理會把麵包屑加入奶油在調理機打成泥狀，貼覆在魚肉、干貝上。想變化開創新的料理手法，實際上都是有跡可尋，我所做的僅僅是把各種不同的聯想串連在一起。

羊里肌先煎至上色，將做好的松子香草奶油裹上香煎的羊排放進烤箱烤至七分熟。高溫會讓松子香草奶油溶解覆蓋於羊排上，松子的香氣能夠緩和羅勒香草的苦味，羊排入口時還可保留堅果的香氣，肉嫩甘甜，毫無羶味。

經過 20 年的料理歷練，這道松子風味烤羊里肌，其實已經改版多次。最初我以核桃和榛果為基底，現在則選用甜度高、香氣更足的松子。若想更強調食材的在地個性，其實把堅果換成花生也是可行的做法。

松子風味烤羊排

1 人份

食材 Ingredients

羊里肌（羊背肉） 160g
橄欖油 適量
鹽 & 胡椒 適量
雞肉醬汁 30ml
奶油 20g
薄荷 3 片

配菜 / 可依時節調整

黃櫛瓜片 15g
白精靈菇 10g
綠蘆筍 40g
茭白筍 40g
甜豆仁 20g
紅蘿蔔泥 10g
花豆 10g
甜菜根 20g
雞高湯（見 P31） 200g

松子奶油

松子 450g
巴西里 60g
羅勒 30g
無鹽奶油 500g
鹽 6g
白胡椒 3g

煎白蘿蔔

白蘿蔔 500g
奶油 80g
鹽 少許
糖 20g

雞肉醬汁

雞肉 2kg
奶油 100g
蒜頭 50g
洋蔥 100g
百里香 1 支
月桂葉 2 片
水 4L

作法 Method

松子奶油

將所有材料放入調理機，打成泥狀後備用，冷凍可保存三個月。

雞肉醬汁

01／奶油、雞肉放入鍋內炒至褐色。
02／接著加入蒜頭、洋蔥、百里香、月桂葉與水一起燉煮約 6 小時。
03／過濾後，再濃縮煮至濃稠狀，即可備用。

烤羊排

01／先以鹽、胡椒調味羊里肌，接著用熱鍋煎上色，待涼備用。
02／煎過的羊排，單面抹上 20g「松子奶油」，以 250℃烤箱，烤 7 分鐘完成備用。

煎白蘿蔔

01／首先將白蘿蔔切為圈狀。
02／接著白蘿蔔、奶油、糖、鹽，以及剛剛燙蔬菜用的雞高湯都倒入平底鍋。
03／加蓋後慢煮至湯汁縮乾。
04／蘿蔔煎至上色後即可翻面，另一面也煎上色後即可取出備用。

配菜

01／將茭白筍切為細條狀，並將所有蔬菜放入雞高湯中，加蓋煮至沸騰。
02／接著調入奶油與胡椒鹽。
03／蔬菜燙熟後即可取出備用。

擺盤

01／先將兩塊松子羊排放入盤中。
02／接著在兩塊羊排肉中間，加入綠蘆筍、白精靈菇、白蘿蔔、櫛瓜片、甜菜根與茭白筍等蔬菜。
03／最後在盤中空白處擠上紅蘿蔔泥，與放入甜豆仁，料理即告完成。

入境隨俗的塔塔

Tartare，「塔塔」（也稱韃靼），是一道很常見的法國料理。最為人熟知的是牛肉塔塔（Steak tartare，又稱為韃靼牛肉、野人牛肉），是用新鮮的牛肉、馬肉剁碎而成的一道法國菜。

簡單來說，法國人看牛肉塔塔，就像我們看陽春麵，那是法國的日常，超市就可以買到的料理。

2001 年，我第一次去法國旅行，走訪當地小餐館。當時看到牛肉塔塔就點來嚐嚐，正當我以為那是開胃菜，上桌的牛肉塔塔分量卻相當可觀。原來，對法國人而言，牛肉塔塔就是主食，還會搭配麵包和酒，吃起來非常豪邁。

牛肉塔塔的傳統吃法通常會加鹽、鮮磨胡椒粉、辣椒醬（Tabasco），與伍斯特醬（Worcester Sauce）。但也會隨地域有別，義大利的吃法就會加上洋蔥末、酸豆、酸黃瓜、西洋香菜末、大蒜末、橄欖油，最後打上一顆鮮生蛋黃。

由於牛肉塔塔有著平民美食的地位，當它來到高級法式餐廳，料理的作法也就跟著改變；鮪魚塔塔就是一例，甚至成為日本料理餐廳常見的精緻開胃菜。

台灣四面環海，漁業資源得天獨厚，鮪魚漁獲量大，取得方便，鮪魚塔塔反而更適合台灣人的飲食習慣。我的「鮪魚塔塔」，就使用了東港的黃鰭鮪魚，與橄欖油、檸檬汁、洋蔥、酸豆及巴薩米克醋一起佐拌，搭配溫泉蛋作法的蛋黃。

在法國，牛肉塔塔通常會配上烤得香酥的法國麵包一起食用。可是在台灣，又該為鮪魚塔塔帶來什麼不一樣的組合？

台灣人愛吃米飯，這讓我想到一個有趣的對照——米餅。

我使用元品有機米的美濃 145 米，依照顆粒口感調整烹煮時間，將米粥煮至濃稠後再加入墨魚汁持續烹煮。

最後將烹煮過的墨魚米漿放在烤盤抹平烘乾再炸過，墨魚汁做成的鹹香米餅便完成了，口味其實很接近蝦餅。

米餅是國內近年流行的料理手法，搭配不規則的造型裝飾，將塔塔點綴得恰如其分而不搶戲。

米餅好用的地方在於，它也可以根據食材，變化不同色彩。黑色的墨魚米餅是暗黑料理代表、甜菜根米餅可在盤飾中加入粉紅色、紅蘿蔔米餅則是溫潤的鵝黃色。

對廚師來說，擺盤不光只是一門藝術，同時也是一場療癒的過程，料理往往會反映創作者的個性與情趣。

切成大丁的鮮嫩東港黑鮪魚，配上沁心酸豆、酸香檸檬，以及滑潤橄欖油，滿滿一口，多種滋味爭相浮現。

帶著微酸醋漬入口即化的鮪魚塔塔，搭配香脆的米餅，滑嫩又酥脆的對比，也是一種口感的設計。

鮪魚塔塔墨魚甜菜根米餅

1 人份

食材 Ingredients

墨魚米餅

白米	100g
水	500ml
墨魚汁	15ml
鹽	2g

甜菜根米餅

白米	100g
水	500ml
甜菜根泥	100g
鹽	2g

鮪魚塔塔

鮪魚丁	120g
洋蔥碎	5g
細香蔥	5g
檸檬汁	5ml
酸豆	3g
巴薩米克醋	5ml
橄欖油	10ml
溫泉蛋黃	1 顆
帕瑪森起士片	5g
小芝麻葉	3g
鹽 & 胡椒	少許

作法 Method

墨魚米餅

01 / 將所有材料混合，以小火燉煮 1 個小時，直至煮成泥狀。

02 / 墨魚米泥鋪在矽利康不沾布（silpat）上，抹平後，使用食物烘乾機以 80℃烘乾 6 小時。

03 / 烘乾後的米泥，使用沙拉油或橄欖油，以 190℃油溫炸膨，即為米餅。

甜菜根米餅

01 / 將所有材料混合，以小火煮 1 個小時，煮成泥狀後，再加入甜菜根泥，並將之煮開調味。

02 / 烹煮過的甜菜根泥鋪在矽利康不沾布（silpat）上抹平，同樣以 80℃烘乾。

03 / 最後將烘乾後的米泥，以 190℃油溫油炸，炸膨成為米餅。

鮪魚塔塔

把鮪魚切為 0.4 公釐高的鮪魚丁，與洋蔥碎、檸檬汁、巴薩米克醋與橄欖油一起拌勻。

溫泉蛋黃

雞蛋 60℃煮 40 分鐘後，剝除蛋殼及蛋白，保留蛋黃備用。

擺盤

01 / 鮪魚塔塔鋪底，撒上細香蔥、酸豆。並點綴溫泉蛋黃。

02 / 把起士片、小芝麻葉放置其上，再淋上義大利巴薩米克醋。

03 / 最後放加入墨魚米餅與甜菜根米餅，即告完成。

出道 20 年人氣不減

近幾年大眾愈來愈追求牛排的品質，因為懂得品嚐，因此以沾海鹽的原汁原味吃法居多。

但也有一群復古風味牛排的愛好者，對「肯瓊風味」情有獨鍾。《肯瓊風味無骨牛小排》是傳統牛排館不易嚐到的牛排，濃醇的醬汁搭配豐富的香料，最能演繹老師傅早期烹調牛排的方法。

Cajun spices，肯瓊香料粉是美國紐奧良地區特有的香料，最早是由一群來自加拿大法語區的阿卡迪亞人（Acadian），為了逃離英國的統治，移民到路易西安那州南部，慢慢發展出來的獨特烹調手法。因此也一說，肯瓊料理其實也是源自法國菜。

肯瓊粉裡含有甜椒粉、辣椒粉、大蒜、洋蔥、紅蔥頭、百里香、茴香、鹽。用來醃漬提味，帶點淡淡的辛辣，香氣非常飽滿，且適用於肉類、海鮮各種料理，甚至麵類、薯條都很搭。

我在高雄環球經貿聯誼會任職時，當時我的恩師鍾國芳特別偏愛肯瓊粉，每天的耳濡目染，連帶牽起我與肯瓊粉的初識。

由於我原本採購的食材行不再進口肯瓊粉，只好尋思回想當年主廚的配方，從而調配出自己想要的味道。算下來，這個配方至今已沿用 20 多年了。早年美國在臺協會為了推廣美國牛肉，請我製作的食譜中，便有這道料理，那時還在美式賣場 Costco 好市多做成小卡，提供民眾參考。

以低溫烘烤製成的《肯瓊風味無骨牛小排》，表現的當然是美國紐奧良風味。由於無骨牛小排本身肉味鮮明，雖然名為牛小排，但肉質內含細筋和豐富油脂，與帶骨部位的口感有很大不同。

首先把牛小排去骨厚切（一般多以肋眼部位最適合），再撒上自行調配的肯瓊香料粉，透過牛肉本身的油脂融入香料，豐富風味的層次。

香料調味後的牛小排，加上熟練的煎烤火候，七分熟是最佳的上桌狀態。牛刀小試一下，輕輕一劃肉即分離，不只肉質彈Q，還把肉汁完美鎖住，保有肉香與甜味，吃在嘴裡愈咀嚼愈香。

裹上肯瓊香料粉的無骨牛小排已美味絕倫，若想讓味道提升更高檔次，不妨在煎牛排時，加上大蒜奶油，催出更濃郁的香氣。

法國人原本就愛用奶油煎肉，不論牛排、雞肉、魚肉，煎過的主食旁邊再放上些許大蒜、百里香賦香。

我靈機一動，把兩個步驟直接變成大蒜香草奶油，作法也更加講究，除了生大蒜的辣味，還加入油炸大蒜，強調香味與甜味。最後再與荷蘭芹、百里香、迷迭香一起打成大蒜香草奶油，這也是我以傳統作法為基礎，融會衍生的小妙招。

味

Tasting

048

/

049

肯瓊風味無骨牛小排

1 人份

食材 Ingredients

無骨牛小排	150g

肯瓊粉

洋蔥粉	120g
蒜粉	100g
辣椒粉（Cayenne Pepper）	50g
粗辣椒粉（Chili）	80g
玉桂粉	10g
俄力岡粉	50g
甜紅椒粉（Papprika）	1400g
茴香粉	12g
香菜粉	30g
黑胡椒粉	25g
迷迭香粉	25g
丁香粉	26g
百里香粉	25g
鹽	160g
蒜頭酥	450g
油蔥酥	225g

配菜

白芽菜	10g
甜豆莢	5g
抱子甘藍	10g
綠竹筍	10g
皇帝豆	10g
紅蘿蔔泥	10g
甜豆仁	5g

大蒜香草奶油
每罐 180g
可製作約 15 罐

迷迭香	10g
荷蘭芹	100g
百里香	10g
有鹽奶油	2kg
大蒜	600g

作法 Method

肯瓊粉

將所有香料粉均勻混合，即完成。

大蒜香草奶油

01／香草洗淨風乾。

02／以橄欖油將蒜仁炸上色，放涼備用。

03／有鹽奶油放置於室溫，使其軟化備用。

04／將香草、放涼後的炸蒜仁放入食物調理機，一起打碎。

05／接著將有鹽奶油加入調理機，與剛剛的香草、炸蒜仁混合均勻打散，即完成
〔若量大，也可個別打碎，再分批混合均勻〕。

牛小排

01／無骨牛小排切約 2-3 公分厚片，條狀，去除筋膜。

02／牛小排下鍋煎至 7 分熟後，加入大蒜香草奶油與肯瓊粉增香，沾上牛小排起鍋備用。

配菜

抱子甘藍、綠竹筍、白芽菜、甜豆莢、甜豆仁與皇帝豆等配菜以沸水燙熟（可依時節自行變化配菜）。

擺盤

01／先於盤中擺入牛小排。

02／於牛小排周邊放入配菜，包圍牛小排。

03／於牛小排的兩側或前後，擠上紅蘿蔔泥，料理即告完成。

味
—
Tasting
—
052

053

大地時蔬

1 人份

食材 Ingredients

蔬菜

綠竹筍片	10g
筊白筍	10g
櫛瓜片	10g
紅甜椒	10g
黃甜椒	10g
紅甜菜	10g
玉米筍	1 支
青花菜	10g
白花菜	10g
地瓜	10g
白精靈菇	1 支
杏鮑菇	10g
過貓	5g
蓮藕	10g
甜豆筴	1 支
牛蒡	10g
白蘿蔔	10g
風乾番茄	5g
迷你蘿蔔	10g
甜豆仁	10g

蔬菜泥

南瓜	500g
奶油	100g
白花菜	500g
鮮奶油	80ml

香草

香菜	1g
芝麻葉	1g
羅勒	1g
甜菊葉	1g
羅勒油	3g

其他

海鹽	2g
黑胡椒	0.5g

作法 Method

蔬菜

依蔬菜特性，分別以烤箱、水煮、炭烤，或平底鍋煎等方式烹調。

白花菜泥

01／白花菜花朵放入熱水中煮軟後撈起。
02／放入果汁機，與鮮奶油打成泥狀，調味加熱備用。

南瓜泥

01／將南瓜切小片，與奶油放入鍋中，以小火將南瓜炒軟。
02／放入果汁機，與奶油打成泥狀，調味加熱備用。

擺盤

01／這件作品的概念，其實是依照時節，變化當季當令的時蔬。因此在不同季節，不同的地方，這道菜也會具有不同的樣貌。
02／在挑選使用的時蔬時，可由「食材類型」與「色彩」兩個角度進行挑選。根莖、葉菜、豆類、香草、花卉、菇類，與竹筍類，每樣食材皆擇一放入，以變化料理口感，以及食材的豐盛度。
03／為兼顧視覺上的均衡，須注意選用食材中紅色、黃色、白色、黑色的比例是否協調。料理的主視覺應以綠色為主，如上述色彩出現太多，則會影響視覺均衡度。
04／擺盤時可先從大至小、顏色重至顏色輕，於盤中依序錯落放置各類時蔬，最後點綴蔬菜泥與香草，即告完成。

博古斯的靈感與台灣煙燻小吃

在歐洲，洋芋和魚肉搭配的料理擁有相當多的樣貌，然而這道料理之所以能受到矚目，甚至成為法式餐廳重量級名菜，多半認為與米其林三星傳奇法國名廚 Paul Bocuse 有關，是他眾多成名作之一的 Rouget en écailles de pomme de terre 所帶起的風潮。

保羅爺爺的作法是先將馬鈴薯削成薄片，用水略煮後，將其如魚鱗般排列，交疊貼在魚肉表面。接著放入鍋裡以澄清奶油，將魚肉煎熟，薯片也同時填上了明亮的金黃色。

鋪在魚肉外層的馬鈴薯片酥脆不油膩，咬下去竟不會支離破碎。佐上橙汁、鮮奶油、檸檬汁，與迷迭香調成的醬汁，如畫作般擺盤呈現，把法式料理的美學展露無遺。

這道料理也常常被廚師選為表現菜色，多年以來已延伸出許多簡化版本，譬如把吐司片貼在魚肉上面煎熟，酥脆的吐司口感也有異曲同工之妙。

洋芋（馬鈴薯）泥則是西式料理常見配菜，無論搭配油封鴨腿、燉牛頰，各式肉排都相當合適。煙燻洋芋泥，顧名思義就是多了一道煙燻的手法，也就是用煙燻魚去煮成魚湯，再把魚湯加入洋芋泥，使其具有煙燻的風味。

歐洲人喜歡鹽漬、風乾貯存鱈魚，那是他們保存食物的方法。法國則會把鹽漬過的鱈魚乾，用水洗淨後，再泡煮牛奶，把魚肉、洋芋煮熟打在一起，再加入鹽漬鱈魚湯汁，魚肉配上洋芋泥是當地常見的開胃菜吃法。

法國米其林三星「宮廷主廚」Éric Fréchon 的名菜《索龍尼魚子醬、煙燻黑線鱈洋芋慕斯、蕎麥酥捲》（Caviar de Sologne），這道菜乍看之下，就只是一罐魚子醬，其實裡面埋藏了煙燻魚的洋芋泥。料理透著濃烈的煙燻鱈魚香氣，卻咬不著魚肉質地，洋芋泥在口中化為無形，魚香仍不斷在味蕾之間竄游。這道菜的設計極為高明，手法獨特，味道又溫和，非常耐人尋味。

問自己，同樣是煙燻洋芋泥，我會怎麼做？

我的答案是——置換。

在台灣，我們常吃燻茶鵝、燻茶鴨，於是我把煙燻魚湯的概念，改用在燻雞上。我將燻雞燉成「煙燻雞高湯」，以雞汁替代煙燻魚湯，街邊常見的台灣煙燻小吃，被置換了法式的做法，可說是另類的台魂法菜。

若不要這麼費功夫，簡單的脆皮魚佐鮮奶油和魚汁調出來的奶油醬汁，其實已經很法國了。Éric Fréchon 就曾以脆皮鮮魚作為主角，把番茄丁、甜椒丁、胡椒、橄欖油，以及咖哩粉調製的咖哩醬汁擔當配角，簡單不炫技。

尤其高雄還有海鮮多元的先天優勢，不僅紅秋姑、鰱魚、白馬頭等市場鮮魚種類多，我們魚料理的變化甚至更勝於歐洲廚師的作法，例如鯖魚配上酸豆、風乾番茄橄欖，襯以手工製作的洋芋泥口感綿密細緻，不只有海鮮的新鮮，連創作形式也常常給人新鮮感。

脆皮鮮魚、煙燻洋芋泥

1 人份

食材 Ingredients

脆皮麵包鮮魚

鮮魚菲力	1 片
吐司片	1 片
橄欖油	適量
奶油	適量
鹽 & 胡椒	少許

煙燻洋芋泥

煙燻雞高湯	150ml
洋芋	500g
奶油	50g
蘿蔔芽	少許
甜豆仁	少許
抱子甘藍	4 葉

作法 Method

煙燻雞高湯

雞高湯放入煙燻箱裡,以蘋果木屑慢燻約 6 小時,過程中約每一小時攪拌一次,使煙燻味融入雞高湯。

煙燻洋芋泥

01／洋芋洗淨,連皮煮熟後去皮、過篩 。
02／加入煙燻雞高湯 、洋芋泥、奶油一起拌勻。

脆皮鮮魚麵包

01／將吐司切為 0.35cm 的薄片,依照魚菲力的形狀切裁吐司的長寬,使吐司形狀與魚菲力相同。
02／切好的吐司片黏貼在魚皮面,準備將魚菲力下鍋,以吐司面先下鍋油煎上色。
03／煎至金黃色後,翻面煎上色,接著進烤箱以 180℃,烤約三分鐘。

擺盤

01／最後於盤中放上魚菲力,頂部放入蘿蔔芽。
02／魚肉旁加入一匙煙燻洋芋泥,並在洋芋泥上插放 4 葉抱子甘藍。
03／最後在魚肉與洋芋泥中間,錯落放入甜豆仁,即可享用。

綠竹筍的台灣味

Terrine，凍派（或稱為法式派），法文指的是一種特別的烹飪方式，是將食材（一層一層）堆疊在陶土製的容器中，再淋上膠質的湯汁，冷藏後食材便會凝固為凍狀，並將不同食材的美味濃縮在一起。它屬於法國傳統料理，通常是冷食，亦可做鹹食或甜點。

凍派在歐洲其實是很傳統的食物，就像西方人好奇怎麼中國人什麼都能拿來吃？在法國，很多東西也都可以拿來凍，舉凡肉類、海鮮、鵝肝、蔬果無一不可以做成 Terrine，國外食材店也很容易就能買到現成的凍派。其實許多法國人都會在家自製，一年四季隨著食材時令，做出不同口味的蔬菜凍，也算另種法國在地風情。

由於凝固後的 Terrine，通常會呈現長方形，食用時就像切吐司般，一片一片地切下。通常會使用朝鮮薊、甜菜根等色彩鮮明的蔬菜入菜，若每一層搭配不同的食材，成功完成的 Terrine 剖面，便具有五花八門的色彩，對於料理人來說，彷彿也完成了一道美味的配色創作。

這道《綠竹筍鮮魷白蝦凍》就是忠於在地食材精神，我選用屏東麟洛綠竹筍來取代法國傳統慣用的朝鮮薊。由於法國當地並不產綠竹筍，內行人一看就知道，綠竹筍就是我在料理中鑲入的台灣標記！

我的專業養成背景，雖然是法國料理，但在餐飲的路途中，不少兒時回憶，其實也伴隨著我一起成長。這些生活經驗，找到與料理交會的奇異點，往往能夠創造源源不絕的出奇靈感。

在台灣談到蘆筍，直覺就會想到五六年級生小時候都喝過的「津津蘆筍汁」。其實台灣自產的白蘆筍甜度高、味道濃，但除了雲林、嘉義等地會用台灣白蘆筍來燉排骨，大部分台灣白蘆筍都外銷到美國了，市場上更多的是泰國進口的白蘆筍。之所以會出現這樣的現象，是因為泰國蘆筍比較便宜。這不是一個健康的發展，如果消費者只願意購買便宜的食材，農民就不願意種植本土食材了，長期下來，市場就會被進口食材壟斷，品質與價格都是。

因此在設計這道料理時，我想何不用台灣本地的綠竹筍，取代進口白蘆筍，鼓勵農民繼續種植，也可透過在地食材做出風味上的差異。綠竹筍在台灣有三大產地，分別位於台北觀音山、台南關廟，與屏東麟洛。麟洛綠竹筍特色在於口感脆、水分多，加上鄰近高雄，也能落實減少碳足跡的食物里程。

簡單來說，Terrine 就像台灣廚師的「手路菜」。Terrine 賣相極佳，但實際上，它並非需要高度技巧的功夫菜，反而對廚師的耐性才是考驗。

將綠竹筍切為長條薄片後，置於鑄鐵模具中鋪底，接著一層一層疊上鮮魷與白蝦。食材交錯堆疊後，倒入雞高湯，接著將其冷凍，定型為極富有膠質的凍派。彈牙的中卷被當成隔板將高湯凍分為三層，居中的白蝦被入口即化的雞湯凍帶出鮮味，每道工序都是一次次準備，手巧而繁複。

之所以需要耐心，是因為凍派的呈現攸關整體視覺美感，蔬菜的厚薄比例、小卷、鮮蝦的直橫擺法等都需要耐心設計。我一直覺得 Terrine 就像一張長寬 10 公分的小小畫布，如何讓料理一上桌，，顧客一眼便能明白用了哪些食材，就是主廚的功夫。口感上的美味，是所有料理人都該掌握的基本，但視覺上的層次分明，卻是料理的另一種極致。

作為冷菜的 Terrine，與綠竹筍的爽口，剛好一拍即合，而綠竹筍的盛產期，正值每年盛夏，清爽且多汁，不論是搭配海鮮或是油脂豐富的鵝肝，滋味都很合宜。Terrine 也是一道我特別喜愛在夏天品嚐的美食。

味
—
Tasting
—
064
／
065

綠竹筍鮮魷火燒蝦凍

18 人份

食材 Ingredients

雞高湯	1l
白酒	10 ml
西芹葉	1 支
吉利丁	63g
鹽	適量
綠竹筍	800g
火燒蝦	200g
鮮魷（或中卷）	400g
細蔥	20g
巴薩米克醋膏	5g
橄欖油	5ml
香草	3g
鹽之花	適量

作法 Method

雞湯凍

01 / 將白酒加入雞高湯煮滾後，加入西芹葉、吉利丁片。

02 / 以鹽調味後，再次煮滾，過濾後備用。

03 / 火燒蝦燙熟後，冰鎮備用。

04 / 竹筍燙熟後，冰鎮切薄片。

05 / 鮮魷煮熟後，冰鎮備用。

06 / 在容器中（陶瓷或鑄鐵皆可）依序一層一層擺入竹筍、鮮蝦與中卷等食材，食材層層鋪放好後，於容器中倒入雞高湯，上面灑上細蔥整形。

07 / 5 度冷藏三小時後，便可凝固成凍派（冷藏可保存 5 天）。

08 / 最後由冰箱取出後切片擺盤，加入巴薩米克醋膏、橄欖油、鹽之花與香草，即可享用！

金色的湯

這道料理的靈感，其實就是玉米。

這是一道因為玉米而創作的開胃菜，對我來說，也具有從產地到餐桌，深入在地食材的重要意義。

2008 年徐仲帶我走訪義大利慢食展，啟蒙了我看待食材的觀念。回到台灣之後，高雄的微風有機市集就成為我尋覓食材的主要來源之一，而我在這裡發掘到的好農物，就包括了有機玉米。

美濃「南隆有機農園」的小農──曾啟尚素有「玉米達人」的稱號。他在 20 多年前返鄉務農，當時農改場正在推廣有機玉米，勇於接受挑戰的曾啟尚，也成為有機耕作的先鋒。

在他的農地上，有機玉米採粗放種植，並與黃豆、黑豆、白玉蘿蔔等作物輪作。一年四季皆可種植的玉米，為了讓果實碩大飽滿，一棵植株只留一包玉米，疏下的果實就供作玉米筍之用。第一次吃到曾啟尚的有機玉米，我非常驚艷。他種的玉米穗粒皮薄，但果穗飽滿，脆嫩香甜，其風味也蘊含了玉米香氣，不論和玉米薯泥或甜玉米湯搭配都很契合，由於食材本身就很優秀，廚師烹調起來更是事半功倍。

準備這道料理的過程，需要會先把玉米粒刨下，玉米梗則直接放入水中，熬煮成玉米高湯。刨下的玉米粒再以奶油炒香，倒入玉米高湯後以小火慢慢濃縮。最後加入些許牛奶打成玉米泥。看似平凡的玉米，與鴨肝、胭脂蝦相比，一點也不遜色。

海鮮（蟹肉、鮮蝦等）與玉米湯、南瓜湯的組合，一向是最不會失手的基本款。牡丹蝦在日本雖算是握壽司的高檔食材，卻不是台灣市面上常見的蝦種。我則是更愛台灣在地的胭脂蝦，因為胭脂蝦的深海漁場主要位於北基隆與南東港，長於深海的胭脂蝦，為了抵抗水壓，口感更鮮甜紮實。

也因為它的好滋味，只要胭脂蝦在料理中登場，很容易就能表現出精緻感，是法式料理中能夠多元運用的好食材。

味
—
Tasting
—
068
／
069

Q 梅沙拉

1 人份

食材 Ingredients

梅子醬汁

梅醋	50ml
橄欖油	200ml
芥末籽醬	25g
紅蔥頭碎	5g
胡椒	1g
鹽	1g

田園沙拉

綜合生菜	320g
小番茄	80g
櫻桃蘿蔔	15g
梅子肉	20g
松子	15g
小黃瓜片	15g
帕瑪森乾酪	15g

作法 Method

梅子醬汁

將所有材料拌勻，以鹽與胡椒調味後，備用。

田園沙拉

01／生菜洗淨瀝乾備用。
02／蔬果各自烹調處理。

擺盤

01／將生菜鋪底，依序放上小番茄、玉米、蘆筍、青
　　梅肉、松子，與小黃瓜片。
02／淋上梅子醬汁，刨帕瑪森起司點綴即告完成。

秋姑秋姑龍蝦肉

我很喜歡用海鮮做料理，一方面是南台灣的海鮮本來就多，再來是我想要透過料理表現台灣充滿了豐富的魚種。

在魚類的選擇上，我偏愛澎湖野生的紅秋姑（俗稱秋哥），澎湖當地有句俗諺：「秋姑秋姑龍蝦肉」，就是形容紅秋姑的肉質帶有特殊的蝦蟹香，嚐起來就像在吃龍蝦一樣美味。

而且紅秋姑肉多刺少又鮮美，油煎、鹽烤、紅燒、煮湯等不同料理方式都很適合，是很平易近人的食材。

肉質細緻高雅的紅秋姑，用奶油煎後，可搭配費時熬煮濃縮的海鮮蝦汁；融合蝦膏與鮮魚的膠質，滿滿的海味，一口就能讓人彷彿置身碧海藍天的南法。

本於在地食材的精神，另一個主角——烏魚子，則是台灣西岸南部海域深具代表性的魚獲，牠們會在每年的冬天迴游到台灣，大約在冬至前後，南游至台灣西部沿岸，接著在南端海域產卵後北返。台灣在過去數百年來，已形成獨特的捕烏文化，高雄茄萣興達港即因盛產烏魚子，而有「烏金故鄉」美譽。

只是，隨著地球暖化、氣候變遷，加上人類沒有節制地大肆捕撈。海洋生物的棲地遭到破壞，野生魚類的群族每一天都愈來愈少。近年野生烏魚的數量驟減，烏魚養殖漁業已成為另一種途徑。我使用的烏魚子，就是來自高雄兩大養殖區之一的彌陀漁民，由青農張博仁經營的小欖仁花園所養殖。

冬天吃烏魚子，對台灣人來說是再正常不過的習慣，但是大部分人應該都不知道，其實烏魚的成長，最少要二至三年，烏魚子成熟也需要時間，一片片金黃色的烏魚卵攤在陽光下，接受東北季風的吹拂，與南台灣的烈日曝曬，就算養殖一樣要看天吃飯。

一般人大多以為烏魚子是台式料理的專屬食材，其實在地中海國家也有，只不過在義大利、希臘等地會在烏魚子的表面，包覆了天然蜜臘。

這幾年我著力在地食材、食物里程甚深，一直思考，該如何將在地物產運用在法餐和烘焙上，例如以烏魚子取代沙拉上常用的起司粉，同樣具鮮味，卻更能展現台灣土地的滋味。這也是對我的一種提醒，不同文化、不同風味的食材、醬汁，就像廚師的調色盤，其實我走的，一直都是追求台魂法菜的路。

烏魚子烤紅秋姑

1 人份

食材 Ingredients

紅秋姑菲力	130g

烏魚子奶油

烏魚子粉	300g
吐司粉	150g
奶油	1000g
蛋黃	2 粒
鹽	3g
茴香	1g
抱子甘藍	15g
甜豆仁	10g
風乾小番茄	3 顆

扇貝汁泡沫

扇貝	400g
水	400ml
鹽	3g
奶油塊	80g

作法 Method

主食材

紅秋姑魚菲力撒上胡椒鹽煎至上色備用。

烏魚子奶油

01／將烏魚子粉、吐司粉、奶油、蛋黃、鹽均勻混合。

02／放入調理機打成稠狀，再放入模具冷凍成型後即
　　完成烏魚子奶油。

扇貝汁泡沫

01／在小鍋中加入水與扇貝，以小火熬煮 30 分鐘。

02／將熬煮過的湯汁以濾網過濾，並加入奶油和鹽。

03／接著使用均質機，將其打成乳化狀，扇貝汁泡沫
　　即完成。

擺盤

01／將冷藏後的烏魚子奶油切片，鋪上秋紅姑表面，
　　以 200℃烤箱烤 6 分鐘，即告完成。

02／抱子甘藍、甜豆仁以鹽水燙熟後，使其集中鋪放
　　在魚肉的旁側。

03／均勻地加入扇貝汁泡沫與風乾小番茄，最後以茴
　　香點綴，料理即完成！

烏魚子被形容為「烏金」，在台灣傳統宴席料理中，在冷盤加入不少身價的烏魚子，就是彰顯宴席檔次與主人心意的最佳證明。尤其是冬季限定的野生烏魚子，每到春節辦年貨時，為了過年團圓特別準備的烏魚子年菜，別有一份珍惜的滋味。

不過在台灣的辦桌文化裡，烏魚子的料理方式少有變化，總是和白蘿蔔片或蒜苗搭配，不禁讓我懷疑，烏魚子還有沒有其他的表現方式？

我認為烏魚子應該是很好發揮的食材，金光閃閃的色澤，加入料理中就能快速提升視覺效果。

而且應用範圍廣，烘焙、濃湯、沙拉到義大利麵都可以運用。

義大利有一種烏魚子的作法，是把烏魚子磨成粉灑在薄餅上，類似一般處理起司的方式。這讓我想到義大利的乳酪之王——Parmigiano‑Reggiano。

這種硬質乳酪是義大利與法國料理中常用的傳統乳酪，很適合灑在沙拉、義大利麵、菜飯、濃湯上點綴，只要料理灑上 Parmigiano‑Reggiano 起司都會很好吃。也用在甜點，或製作沾醬，處處都能見到 Parmigiano。由此可知，烏魚子可以替代起司灑在義大利麵上。

一旦熟悉烏魚子粉的運用，會發現它能和許多料理搭配出不同的滋味。墨西哥有一種塔可玉米餅 Taco Shells，是把玉米泥烘乾、炸過再折成半圓塑形，只要將喜歡的食材放入 Taco Shells，就可以簡易製作出 Tacos。我在自製的玉米餅裡放入法國鴨肝凍派和玉米粒，上面再灑上烏魚子粉，不只充滿黃金視覺，一口咬下去，鮮味中還有玉米的甜香，滋味層次豐富。

而這道「烏魚子冷麵」看似簡單，實際上卻非常費工，首要之務在醬汁。炒香碎洋蔥與碎紅蔥後，放入蛤蜊和白酒蒸熟，把蛤蜊肉取出，接著將蛤蜊肉、汁與鮮奶油用調理機打成醬汁。

常見的作法是把烏魚子用米酒浸泡後煎或烤，但我想更強調烏魚子的氣味，因此我用炙燒微烤出烏魚子香氣，再把烏魚子剝成片，放入調理機打成粉，最後將烏魚子粉過篩，讓口感更細緻。蛤蜊本身的鮮甜，加上天使細麵 Q 脆的口感，拌麵後互相加成，最後灑上烏魚子粉和鮭魚卵。一碗冷麵，卻凝縮了滿滿的海味。

烏魚子冷麵

4 人份

食材 Ingredients

蛤蜊醬汁 —— 12 人份

橄欖油	25ml
大蒜	35g
紅蔥頭	35g
黑金文蛤	2Kg
白酒	200ml
鮮奶油	500ml
鹽	適量

冷麵

橄欖油	25ml
天使髮絲細麵	60g
蛤蜊醬汁	50 ml
烏魚子片	35g
烏魚子粉	35g
起士粉	5g
細香蔥	3g

作法 Method

蛤蜊醬汁

01／熱鍋後，以橄欖油將大蒜與紅蔥頭炒香。

02／於鍋內加入蛤蜊與白酒，加蓋悶煮。

03／蛤蜊打開後，熄火，取出蛤蜊肉。

04／將蛤蜊肉與鍋中剩下的湯汁、鮮奶油一起放入果
汁機打勻。

05／將打勻的湯汁，取出過濾後，煮滾並以海鹽調味
即告完成。

烏魚子片

將烏魚子去膜，以噴燈炙燒後切成薄片備用。

冷麵

天使髮絲細麵放入滾水煮 3 分鐘後，將煮好的麵條撈
起放入冰水冰鎮。

擺盤

01／將冰鎮後的天使髮絲細麵，拌入蛤蜊醬汁與橄欖
油，置於盤中。

02／最後撒上烏魚子片、烏魚子粉、起士粉以及細香
蔥，即可享用。

當料理遇見科學

20 世紀初，一向被視為引領料理浪潮的法國，不再唯我獨尊。西班牙的前衛廚藝，挾著年輕而創新的氣勢，成為驅動飲食圈的領頭羊。

提到西班牙料理，大多數人都會聯想到分子料理，西班牙近年來料理人才輩出，其中被推崇是「近年來全球最重要的美食現象」，曾於 2006 年曾躋身全球前十大名廚的 Andoni Luis Aduriz，則最受矚目。

Andoni Luis Aduriz 曾師事西班牙傳統料理教父 J.Arzak，並待過西班牙分子廚藝之父 Ferran Adrià 的餐廳 El Bulli。Andoni Luis Aduriz 的廚藝，恰好融合兩種西班牙廚藝文化的極致，傳統西班牙巴斯克料理，以及前衛分子廚藝，其經歷非常特別。

Andoni Luis Aduriz 擅長以他獨創的語彙，解構後再創新，譬如把雞皮、雞冠、豬血、馬鈴薯等食材，以意象不到的方式呈現。或許對於恪守傳統遵循古法的法式料理流派而言，Andoni Luis Aduri 根本是大逆不道。

但挑戰慣性，探索味蕾的感受，某種程度也是一種科學精神。Andoni Luis Aduriz 常年與科學家合作，其團隊成員甚至比餐廳裡的客人還多。如此勞師動眾的結果，就是他一但出手，必定衝撞世人想像。

Andoni Luis Aduriz 的創意，並非一時興起，而是經過專業團隊設計，歷經數百次實驗與討論後才誕生的作品。他的餐廳甚至可以一年當中有四個月不營業，只是為了專事創作。

經常周遊世界各地的 Andoni Luis Aduriz，喜歡蒐集特殊食材，他會請科學家分析成分後，運用在料理之中。傳統廚藝與科學的跨界合作，也因此讓他成為新飲食革命的典範。

假巧克力馬卡龍

另一件令人好奇的作品則是《假巧克力馬卡龍》(Macaron)，同樣是「以假亂真」的前衛料理。乍看之下，就是一顆普通的馬卡龍，看不出特別之處。

一般馬卡龍的外殼，是以蛋白霜混入杏仁粉和糖烘烤而成，但 Aduriz 團隊研究發現，豬血裡的某種蛋白質與蛋白的成分相似，經過縝密試驗後，他們成功以新鮮豬血取代蛋白，打成蛋白霜，再與杏仁粉一起烘烤即可消除血味。再加入藍紋乳酪、牛奶、蛋黃，外觀看起來極似巧克力。

這件作品頗具「見山不是山」的哲意，透過食用的體驗，突破既定的主觀認知。Andoni Luis Aduriz 說過一句讓我印象深刻的話：「你不需要先喜歡上某樣東西，才能愛上它」。從驚訝、驚喜與讚嘆，是三種不同的情緒，但 Andoni Luis Aduriz 的料理證明了，它們可以在一道菜裡同時出現。廚藝這條路真的好漫長，只有想不到、沒有做不到。

仿石頭

———————

Andoni Luis Aduriz 的著名標誌性風格，就是「以假亂真」，其中以《仿石頭》(Edible Stones) 最具代表性。

《仿石頭》是他在秘魯，看到當地保存馬鈴薯的古老技術，秘魯古法會將馬鈴薯裹上泥土後，鋪在安地斯高原上，經過連續多日的曝曬與夜間低溫，馬鈴薯便可以保存得更久。

他因此想到何不把馬鈴薯做得像石頭，表面是可食用的高嶺土，裡面則包裹小洋芋。將食用高嶺土混合乳糖、水與竹炭粉調製成寫實的砂礫色，包裹在煮熟的洋芋身上，看起來就是一顆乾燥的石頭。

料理上桌後，不明所以的客人，往往先用手去觸碰，咬下後才發現口感柔軟溫潤，完全不同於看見料理時，牙關緊閉、小心翼翼的印象。心理上的高度反差，也是飲食體驗設計的一環，可見其高明之處。

雞冠脆餅與蟹黃夾心

———————

幾次前往西班牙與他一起做菜，我對他們的飲食文化感到震驚。待得久了，也讓我逐漸開始對於台灣的飲食文化有所反思。臺灣的傳統料理，我們會善用豬的各個部位，譬如豬血湯、豬血糕。

傳統的法國菜，也會拿雞冠來製作料理，但年輕廚師幾乎沒人製作這些料理了。我們不要的食材，卻成為 Mugaritz 餐廳廚房裡的珍貴食材。我親見這位頂尖名廚，取出雞冠中的營養成分 (膠原蛋白)、去除多餘脂肪，透過純熟的技術與創意的思維，創作出一道極為前衛的料理。

為了重現 Andoni Luis Aduriz 的《雞冠脆餅與蟹黃夾心》(Comb and coral biscuit)。我使用凱馨實業的黑羽公土雞雞冠。由於雞冠稍硬，因此要先經過 12 小時的 Sous-Vide，軟化彈Q 的雞冠。接著將雞冠剖開剔除膠質，放到鐵板上高溫油煎，並以特製大理石板蓋壓。

經過重壓煎製的雞冠薄脆透光，灑上西班牙煙燻紅椒粉，吃起來喀滋鮮香。搭配紅蟳蟹黃醬，一咬下竟發現原來醬裡也拌入了雞冠切丁，這道料理的視覺張力強，風味更是極為特別。

豬肉界的精品

隨著美豬入台，台灣的豬肉話題也因此吵得沸沸揚揚，不過，對於秉持「在地食材」精神的餐廳，這反而是個向消費者訴諸理念的好時機。以目前 THOMAS CHIEN 餐飲事業群旗下品牌使用的豬肉，分別來自屏東中央畜產牧場的「家香豬」以及雲林的「究好豬」。

大武山下，牧場位於屏東麟洛新田村，曾獲 2015 年全國十大神農獎的中央畜產牧場，引進國外優質種畜，以專業化、科學化生產豬肉。牧場不只豬肉品質好，納入環保綠能設計，連帶扭轉養豬作為高污染產業的偏見，為豬帶來友善環境的附加價值，因為與高雄相鄰，也縮短了食物里程。

豬肉是國人攝取最大宗的肉類，如果西班牙有伊比利豬，沖繩有阿古豬，英國有盤克夏豬，那麼以優生學培育出亞洲人喜愛的 YLD 品種、校法日本，嚴格要求養殖標準的究好豬，非常有機會成為台灣精品豬肉的代表。

我會根據料理需要的豬肉部位，挑選豬肉，例如油封豬，我就使用究好豬，帶皮豬五花經低溫油煮、冷卻定型之後，切成條狀，再把豬皮煎至酥脆，香草、高麗菜鋪陳出一道田園沙拉。又或是豬肩胛肉 (松板肉)，需要強調肉質本身的彈脆口感，我也會使用究好豬。

這道《炭烤豬梅花時蔬》選用究好豬的豬梅花，特點是富含油脂，適合以炭烤呈現最原始味道，才能夠突顯肉質本身的肉香。

這道料理的關鍵其實在於炭烤技巧，不同於直接煎牛排或低溫雞，豬肉需要全熟，而在炭烤過程中，豬肉其實需要適度的休息，因此必須來來回回，數次等待溫度平均釋放，避免一次大火烤下，豬肉過熟影響口感。

料理搭配的，也是家香豬的豬排骨熬出來的炭烤醬汁，以及當令時蔬。生菜可以平衡烤肉的油膩感，簡單卻風味均衡。

使用了好的食材，料理人該做的，就是完美呈現原味，而非畫蛇添足，這道《炭烤豬梅花時蔬》，就是最好的例子。

炭烤豬梅花時蔬

1 人份

食材 Ingredients

作法 Method

豬梅花

豬梅花	160g
鹽	少許
胡椒	少許

焦化洋蔥

洋蔥	1kg
奶油	50g

時蔬

玉米	10g
高麗菜葉	10g
玉米筍	10g
青江菜	10g
小番茄	20g
茭白筍	15g

豬肉醬汁

豬排骨	2kg
奶油	100g
蒜頭	50g
洋蔥	100g
百里香	1 支
月桂葉	2 片
水	4L

豬肉醬汁

01／將奶油豬排骨放入鍋內炒至褐色。

02／然後加入蒜頭、洋蔥、百里香、月桂葉、水一起燉煮約 6 小時後過濾備用。

炭烤豬梅花時蔬

01／將豬梅花以鹽、胡椒調味，炭烤爐烤熟。

02／洋蔥刨為薄絲。

03／以奶油將洋蔥絲小火悶炒至焦糖色後，加入豬肉醬汁一起燉煮，煮開後再將之放入食物調理機，打成濃稠狀後備用。

04／蔬菜以橄欖油炒熟、調味。

05／將豬肉、時蔬擺盤，即完成！

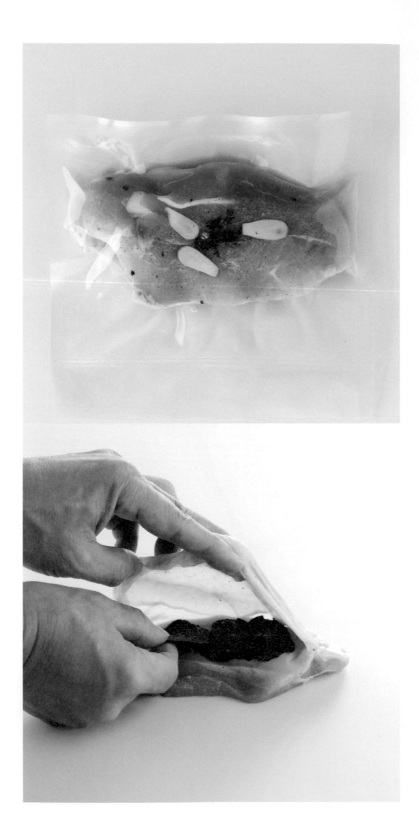

台灣土雞

法國的布列斯雞（Poulet de Bresse）是許多雞肉料理饕客的必嚐美食，牠的悠久歷史，奠定了其在土雞界的傳奇地位，也是許多法餐主廚必須認識的經典食材之一。

布列斯雞口感結實，肉質中甚至帶著一股自然草香，美味的背後，其實要歸功於法國飼育土雞的風土條件、嚴格的飼育規則，以及法定產區認證。

不過布列斯雞之所以能遠近馳名，有一部分原因，是因為近代法式料理之父 Paul Bocuse 的招牌名菜「膀胱雞」（The Bresse Farm Hen Poached in a Bladder），法國也有人將此道菜稱為「小寡婦烤雞」（Poularde demi-deuil）。

博古斯使用豬膀胱，將整隻布列斯雞包裹起來烹煮，煮過的膀胱會像氣球般膨脹，透過密閉的溫度與壓力，逼出布列斯雞極致的美味。

在台灣，早期的餐廳多愛用肉雞，牠的肉質蓬鬆鮮嫩，常用於炸雞排、雞肉燒烤等料理烹調方式。對台灣人飲食習慣而言，土雞肉較有嚼勁，適合拿來燉肉。

我從布列斯雞料理上面發現，其實台灣的土雞一點也不輸給布列斯雞，台灣甚至有許多優秀的雞農，他們不斷研究，飼養出有色種土雞，這讓我很想把台灣土雞也好好發揮一下。

透過徐仲牽線，我在擔任 PASADENA 帕莎蒂娜廚藝總監時，認識了雲林的凱馨實業。從 1991 年建立品牌至今，旗下的「臺灣土雞王」更行銷日本、新加坡、緬甸等海外地區。

在凱馨的有色種土雞育種中，我偏愛黑羽土雞紮實有嚼勁的口感，尤其是它的雞胸肉軟嫩不柴，完全不同於一般雞胸肉口感。

我將雞胸肉以低溫烹調方式處理，藉由溫度與時間控制雞肉品質，不僅可使烹調過程穩定，也能完整保留原始肉汁。現代的飲食觀念愈來愈著重健康飲食，因此低脂無負擔的料理，也是料理時的一大重點。

用西方人熟悉的雞胸肉，加入本土在地食材，對廚師來說，是最適合發揮天馬行空創意的組合。如果在冬季，我會選擇松露奶油醬汁作為搭襯。濃郁的口感可以帶來暖意，加上球芽甘藍與綜合野菇，盤飾也會顯得更有層次感。也可以搭配紅蘿蔔、洋蔥、花椰菜及蘋果等蔬果泥，提供更多風味上的變化。醬汁的彈性也很大，在夏天，我就會使用在地食材的梅子風味，很適合當作盛夏解暑的偏方。

黑羽土雞也被我用來熬製法式澄清雞湯，使用全雞搭配西芹、紅蘿蔔、洋蔥、蒜苗、百里香、月桂葉等食材。無論料理燉飯、義大利麵，或是用來煮粥做湯，簡單的家常料理，同樣具有好滋味。

松露黑羽土雞

1 人份

食材 Ingredients

帶皮雞胸肉	160g
松露片	15g
蒜片	2g
橄欖油	10ml
鹽	適量
胡椒	適量
青花筍	15g
綠蘆筍	15g
高麗菜	5g
皇帝豆	5g
玉米筍	10g
酸模	2g

奶油醬汁

鮮奶油	100g
雞高湯	100ml
鹽	0.3g
胡椒	0.1g

作法 Method

配菜

將所有配菜，燙熟備用。

奶油醬汁

鮮奶油與雞高湯倒入鍋中，加入鹽與胡椒調味，煮滾拌勻後即完成奶油醬汁。

雞胸肉

01／將松露片塞入帶皮雞胸肉的皮下。

02／將雞肉放入真空袋中，加入蒜片、橄欖油、胡椒、鹽調味。

03／以 60℃，30 分鐘的低溫烹調雞胸肉。

04／低溫烹調完成後，取出雞胸肉，在鍋中將雞皮表面煎至金黃酥脆。

05／最後在盤中將配菜、雞胸肉進行擺盤，即可享用。

熱炒的精神

在撰寫這一本書時,為了選擇書中該收錄哪一道牛肉菜單,我不斷在自己過往記憶中來回尋找,究竟該選哪一道牛肉料理,讓我傷透了腦筋。

糾結了一段時間,我才想通,對呀,收錄的一定要是台灣牛肉,腦海中立刻浮現台菜西作的畫面,也就想到這道料理。

這道《芸彰牧場菲力牛肉、焦糖洋蔥汁》其實有另一個名字,那就是「青椒洋蔥炒牛肉」,菜名很像台式熱炒的經典菜色,其實沒錯,就是它,不過我想賦予這道菜法餐的節慶感,加入一種吃牛排時的「儀式感」,讓人有種飲食文化衝突的另類趣味。

先說說這道菜的最大功臣,雲林的芸彰牧場。它是近年最受矚目的台灣牛肉專賣店。相較於台南牛肉湯帶起的一波溫體牛汆燙風潮,芸彰牧場不僅致力於提升國產牛肉品牌,它們還孕育出本產的安格斯與和牛。擁有生產履歷認證的正港台灣牛,除了飼育無瘦肉精、無生長激素,也以蔬果和牧草飼養,還包辦屠宰、分切、包裝,從牧場到餐桌層層把關。

我對台灣牛最早的記憶,要回溯到我當學徒的年代。台灣飲食文化原本就不是以牛肉為主,台灣牛在當時也沒有飼育的觀念與技術。我還記得,當時曾拿墾丁牧場的肉牛來試煎牛排,

肉質吃起來太韌嚼不動，對照現在台灣消費者好肉的飲食習慣，脫胎換骨的台灣牛已不可同日而語。

使用外國牛和台灣牛的差別，一是實踐食物里程，相對來說，台灣牛當然更新鮮；另一個原因，則是台灣的牛肉熟成技術在這幾年其實有很大的躍進，肉質細緻度極好、甜度高，幾可與進口牛肉不相上下。

這道《芸彰牧場菲力牛肉、焦糖洋蔥汁》乍看之下，完全不像一般人印象中的台菜料理，但這道菜真的是從我們常在吃的家常菜演變而來。不過我把一般作法中牛肉切絲的概念，置換為牛排，表述的形式也因此變成帶有青椒牛肉味道的牛排。

家常版的「青椒洋蔥炒牛肉」，傳統作法是牛肉切絲後炒醬油，也有人會放豆豉或辣椒變化口味。為了化身西式排餐版的《芸彰牧場菲力牛肉、焦糖洋蔥汁》，我把台式熱炒調味的靈魂—醬油，換成法式料理經典的奶油焦糖。就像有些師傅會在炒青椒牛肉中加入一點糖，此甜非彼甜，不失為料理中的元素。

食材的部分，我選用了油脂少、柔軟的菲力，取厚塊低溫煎烤，搭配乾蔭豆豉粉、烤蔬菜。由於料理的主角是台灣牛肉，搭配的食材肯定也要具備足夠的台灣味，左思右想後，我選擇了豆豉。

豆豉本身就是一種極有特色的食材，我將豆豉乾燥後炒成粉，味道略鹹且鮮明。它是台灣飲食文化中常見且習慣的食材，以法式料理的面貌呈現，視覺與味覺的 déjà vu（既視感），相信在品嚐的過程中，也會伴隨不少驚訝與樂趣。

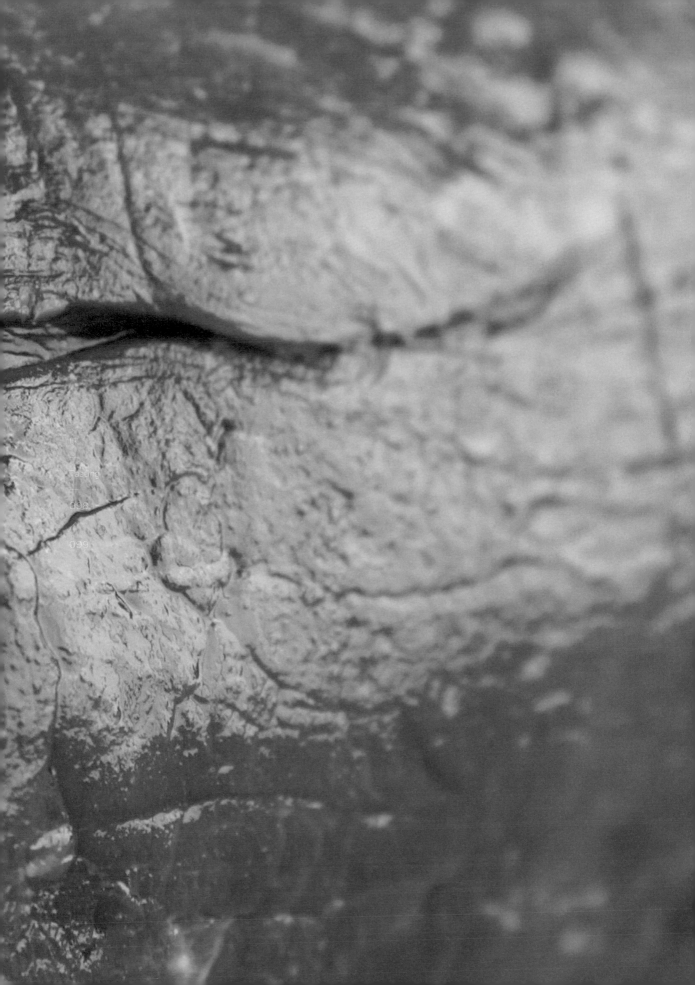

芸彰牧場菲力牛肉、焦糖洋蔥汁

1 人份

味
—
Tasting
—
100
／
101

食材 Ingredients

芸彰牧場牛菲力
牛菲力	150g
橄欖油	15ml
大蒜香草奶油	15g
(請見 P051)	
鹽 & 胡椒	少許

焦化洋蔥
洋蔥碎	3kg
奶油	150g

洋蔥醬汁
牛高湯	1000ml
(請見 P35)	
洋蔥	500g

配菜
青椒	20g
豆豉粉	5g
洋蔥圈	10g
巴西蘑菇	10g
綠竹筍	10g
迷你洋蔥	5g
紅脈酸模	3 葉
小蘿蔔苗	3 葉

作法 Method

芸彰牧場牛菲力
01／將牛菲力去除表面的筋膜與油，修整至口感均勻的狀態。
02／以橄欖油將牛菲力煎 5 - 6 分熟後，加入大蒜奶油後增香備用。

配菜
01／將去皮青椒放入烤盤，於烤盤中撒入 15 克橄欖油與 1 克鹽，以 180 度的火力，烤七分鐘後取出備用。
02／將巴西蘑菇、綠竹筍、迷你洋蔥以橄欖油炒至上色備用。

焦化洋蔥
奶油與洋蔥碎放置鍋中，以慢火煮成焦糖色備用。

洋蔥醬汁
01／洋蔥切絲後，放入與牛高湯之中後，封上保鮮膜並放入蒸烤箱（封保鮮膜），以 100℃蒸烤 12 個小時。
02／過濾蒸烤過的洋蔥高湯醬汁過濾，將湯汁濃縮 50%（500ml）後，依個人喜好以鹽與胡椒調味，即告完成。

豆豉粉
01／豆豉放入食物烘乾機，以 60℃火力，烘六小時。
02／烘乾後，將之敲打為粉狀備用。

擺盤
01／將青椒、巴西蘑菇、綠竹筍、迷你洋蔥放入盤中。
02／接著放入洋蔥圈、酸模及小蘿蔔苗。
03／於盤中放入菲力牛肉。
04／淋上醬汁，並撒上豆豉粉，即可享用。

當水果遇見蜂蜜

鴨肉是經典法國料理中不可或缺的食材之一，傳統料理中不乏鴨肉的料理主題，像是法國西南部以「油封鴨」(confit de canard) 盛名，被認為是最優秀的法國菜之一，或是法國中西部夏隆地區的特產「夏隆鴨」(Challans Duck)，也是法式經典食材之一。

這道《蜂蜜酸果鴨胸》當然也是從法國傳統料理延伸而來，利用葡萄柚、柳橙、檸檬、野莓和酒漬葡萄乾的酸味，調和鴨胸獨有的豐腴皮脂。外觀看起來很像金華火腿，但鴨肉入口即化，七分熟的鴨肉軟嫩不柴，巧妙地搭配酸甜醬汁。法國人在烹調家禽類料理時，很常佐以「酸甜」的風味搭配，這也是典型的法式作法。

「酸」取自多采的水果，那「甜」呢？我選擇了高雄內門「滿築農場」的蜂蜜，我是在微風市集認識年屆半百才轉行成為養蜂人家的力玉春。

深入瞭解後，才知道蜜蜂其實是很重要的環境指標，台灣人習慣風味強烈的荔枝蜜和龍眼蜜，但是龍眼樹的開花期，需要天時地利，而要尋找沒有用藥的荔枝園，何其不易，幸好力玉春的農場可以提供讓人信賴的在地蜂蜜。

鴨胸則是來自宜蘭的「豪野鴨」，渾厚的鴨胸是鴨肉最精華的部位，豐潤皮脂緊緊包覆著飽滿的精肉，完美油肉在低溫烹調下，脂香飽滿濃郁，口感細緻。

豪野鴨的鴨種來源來自英國櫻桃谷，空運來台繁殖後，進入豪野鴨農場飼養，有別於傳統台灣鴨肉肉硬油薄的特性，櫻桃鴨的飼料是成本較高的原粒玉米、標準飼料與智利魚粉。豪野鴨的飼養期為 75 天，重量必須達到 3.8 到 4.3 公斤之間。

以「食物里程」計算，使用宜蘭在地的豪野鴨，與從法國進口、長途運送來台的夏隆鴨，兩者之間產生極大的碳足跡差距，但豪野鴨的美味卻毫不遜色。

除了宜蘭豪野鴨，我也會用屏東鹽埔的櫻桃鴨種，來作「法式油封櫻桃鴨腿」。油封鴨的概念，其實與臘肉、臘腸有異曲同工之妙，先以粗鹽、月桂葉、茵陳蒿、黑胡椒等香料醃漬，接著浸泡在鴨油中低溫慢煮 4 到 10 小時。油封過的鴨腿非常香嫩，煎或烤熟後，搭配炒蘑菇、洋芋或麵包，一道不折不扣的法式功夫菜，就可簡單上桌。

蜂蜜酸果鴨胸

1 人份

食材 Ingredients

鴨胸

鴨胸	1 片
百里香	1 支
蒜片	1 粒

蜂蜜檸檬

蜂蜜	200g
奶油	50g
柳橙汁 / 檸檬	各 100ml
鴨肉汁	200ml

九層塔油

九層塔葉	300g
橄欖油	300ml

配菜

柳橙果肉	15g
葡萄柚果肉	15g
橘子果肉	15g
酢醬草	5 片
迷你胡蘿蔔	1 根

作法 Method

鴨胸

平底鍋加入橄欖油,以百里香、蒜片將鴨胸煎至七分熟後起鍋備用。

蜂蜜檸檬

01／先將蜂蜜煮至焦糖化。

02／接著加入奶油、檸檬汁、柳橙汁與鴨肉汁,持續煮至濃稠狀後,依個人喜好,以鹽和胡椒調味。

九層塔油

01／將九層塔葉川燙 10 秒。

02／接著將九層塔葉撈出冰鎮,冰鎮後撈出瀝乾。

03／將瀝乾的九層塔葉放入果汁機,與橄欖油一起打成泥狀。

04／接著用咖啡濾紙過濾,由於要濾得很細,因此過濾時間長,建議可以放隔夜。

擺盤

01／首先將鴨胸放入盤中,

02／接著在鴨胸肉上,一個一個擺放上柳橙、葡萄柚與橘子果肉。

03／於盤面的留白處,勺上一匙果泥。

04／錯落地放入酢醬草,讓盤飾帶入些許綠色。

05／迷你胡蘿蔔先以熱水煮 1 分鐘,接著用橄欖油煎至焦化。

06／讓迷你胡蘿蔔斜靠於鴨胸肉上,最後淋上九層塔由,即可享用。

飲食也是一種風格

這是一道以地中海風味演繹的特色料理，選用油脂豐潤的鯖魚，搭配酸甜細膩的風乾番茄，最後淋上調和的橄欖酸豆油醋。魚肉的鮮美與綿密的洋芋泥在嘴裡相融，就是好吃。

一般人聽到地中海飲食，容易誤以為那是使用由地中海地區進口的蔬果做成的料理，其實地中海飲食指的是一種飲食類型，而非食材。地中海飲食起源自 1940 ~ 1950 年代的希臘、南義、法國與西班牙等地中海周邊地區，由於地中海沿岸居民普遍以蔬果與天然穀物為主食，搭配適量海鮮魚肉、起司與少量肉製品，並以橄欖油、大蒜、洋蔥、番茄、堅果、與百里香、羅勒等各式新鮮香草調味。

近年隨著各種飲食法推陳出新，當地人習以為常的傳統飲食習慣，反倒成了全球風行的飲食型態。

由於地中海飲食「拌一拌」就可以吃，因此很適合居家簡單烹調。油漬風乾番茄也是歐洲隨處可見的方便食材，加上橄欖、洋蔥、酸豆、檸檬汁、橄欖油、紅酒醋佐拌就完成了料理的拌料。將洋芋泥鋪底，放上現煎鯖魚，再把拌料、迷迭香、蝦夷蔥碎丁等天然香料疊加調味，洋芋泥加上魚肉便可吃得很飽；義大利人則是喜歡用青豆泥替代洋芋泥，抹上麵包當主食吃。

等到冬天小番茄盛產期，建議大家可以試著自製油漬番茄，當作料理常備菜，簡單又好用。洗淨的小番茄對切剖半，切面朝上鋪排在烤盤上，灑上少許鹽巴，家用烤箱以 100 ~ 120°C 烘烤約 1 至 2 小時後就可完成。烤好的風乾番茄可放在乾淨的玻璃容器中，可依個人喜好加入羅勒、百里香等香料，並淋上橄欖油將番茄覆蓋，放進冰箱冷藏。

在歐洲，《番茄風乾橄欖鯖魚》原來是道家常菜，尤其入冬後，魚類開始累積身上的脂肪好過冬，北歐地區的鯖魚在這時更加肥腴細嫩，非常好吃。

在台灣，生活中最熟悉的鯖魚，可能是日式烤鯖魚，以及賣場貨架常見的茄汁鯖魚罐頭。在早年，鯖魚其實是身價不凡的外銷主力，後來才漸漸變成庶民大眾都能享受的平價食材，南部甚至還有一套省錢飽腹的鯖魚罐頭麵料理。

地中海飲食的核心就是健康簡單，不必大魚大肉，台灣沿近海域的海鮮種類多，海鮮入菜輕而易舉，除了宜蘭蘇澳盛產的鯖魚，改用土魠魚烹調其實也可以。

番茄風乾橄欖鯖魚

1 人份

食材 Ingredients

嫩煎鮮魚

鯖魚片	1 片
奶油	適量
橄欖油	適量
百里香	1 支
大蒜	1 顆
鹽	適量
胡椒	適量

洋芋泥

洋芋	300g
橄欖油	50ml
水	100ml
帕瑪森乾酪粉	適量
胡椒	適量
鹽	適量

風乾番茄橄欖醬

風乾番茄切塊	60g
黑橄欖	30g
酸豆	30g
檸檬果肉	30g
洋蔥碎	30g
九層塔	10g
橄欖油	60ml
巴薩米克醋	15ml
鹽	適量
胡椒	適量

作法 Method

嫩煎鮮魚

將奶油、蒜頭、百里香放入鍋內，當奶油溶化後再加放入鯖魚片煎熟備用。

洋芋泥

01／將洋芋削皮，切為厚片，放入熱水煮軟。
02／將洋芋煮至鬆軟，牙籤可以輕鬆穿透的狀態後，關火將洋芋搗碎成泥。
03／接著使用過濾網，倒出煮洋芋的水，同時過濾洋芋泥，將鍋中倒出的煮洋芋水保存備用。
04／最後在洋芋泥中加入橄欖油、洋芋水，與帕瑪森乾酪粉調味即完成洋芋泥。

風乾番茄橄欖醬

將所有材料拌勻，即完成。

擺盤

01／先將洋芋泥置入盤中，嫩煎鯖魚擺放在洋芋泥上。
02／最後加入風乾番茄橄欖醬，即告完成！

味
一
Tasting

108
╱
109

bravo

業界認識我的朋友都知道，我從 2013 年起，每一年我都會邀請一位米其林主廚來到高雄客座。

一年一度的星級主廚來台客座，對於饕客來說雖然是一大福音，但我持續這樣做的最大原因，其實是希望自己與餐廳裡的夥伴，都可以持續學習。透過邀請這些主廚來客座，看看他們的料理方式、設計思考，以及內外場的運籌帷幄；對我來說，客座活動就像一年一次的兵推演練，重點其實是客座活動前，與米其林餐廳的溝通、互動與學習，這些才是最珍貴且難得的經驗。

而我之所以會開始這樣的模式，則要說到我在帕莎蒂娜工作的日子。

2008 年，吳寶春去法國參加世界盃麵包大賽，帕莎蒂娜的許正吉董事長與我也去法國為寶春加油，我們在巴黎的好朋友謝忠道，就帶著我們去吃了歷史悠久的米其林三星餐廳 Le Pavillon Ledoyen，當時餐廳的主廚是 Christian Le Squer。

在 Le Pavillon Ledoyen 的那一餐，我們大為驚艷，因此也起了邀請他來高雄客座的想法。許董也認同我的想法，因此我們便透過關係詢問。

只是，對 Christian Le Squer 來說，忽然收到一個客座邀請，他不僅不認識台灣，也不確定我們的廚房設備與食材交通等運輸是否有問題，真的可以完美呈現他的料理嗎？在具有太多不確定因素的情況下，我們被拒絕了。

不過在這之後，我們還是持續和 Christian Le Squer 保持聯絡，每半年就請問他的意願，邀請他來高雄客座，經過陸陸續續的溝通聯繫，他對我們也有了基本的認識與了解，大概經過兩年時間，我們才拍板敲定，邀請他來高雄客座。

談定客座合作後，2011 年，我、甜點主廚、烘焙房主廚以及廚師領班，一行四個人，戰戰兢兢地到了 Le Pavillon Ledoyen 開始了為期五天的實習。

對於 Le Pavillon Ledoyen 這種等級的百年餐廳，合作的對象通常是國際知名連鎖飯店。因此可以進入內場原汁原味地學習他們的作業流程，做出符合他們標準的料理，真的是非常珍貴的機會，對我來說，就像是一次震撼教育。

由於這是我第一次與米其林主廚合作，啟程之前我非常緊張。還記得行前我為了做足功課，閱讀了一本名叫《名廚的畫像》的書，裡面介紹了多位法國名廚的故事與知識，盡可能補充對於法國廚藝界的認識。

我還記得，到 Le Pavillon Ledoyen 實習的第一天，我的第一印象就是他們對於顧客的服務，大方有禮，同時還保有親切，不會讓人感覺到明顯的距離感，這是對外的部分。而對內，也就是廚房內場，我只能說 Christian Le Squer 治軍非常嚴謹。每一道料理的呈現、食材的處理、夥伴們工作的態度，真的就像是在作戰。

大家的工作節奏都非常快，內場不會出現愜意聊天打鬧的畫面，感受到的就是每個人不停在動，好像在比賽一般，每個人都表現出時間不夠了，只能拼命做的樣子。由於廚房的內場是禁止跑步，但因為大家工作的節奏都非常快，我印象最深刻的就是大家的腳步彷彿像競走，你看得出來每個人都在抑制自己，不可以跑步。

看到這樣的畫面，老實說我的心情很複雜，興奮、緊張、焦慮、緊繃，全部揉在一起。但我們也是求仁得仁，這個難得的學習機會，大家也就是直接硬上了。好在 Christian Le Squer 對我們很是照顧，都會適時提供建議與指導，我們就是努力跟上他們的腳步。

我原本以為所有的米其林餐廳，內場都是這樣高壓緊繃，沒想到我第二次實習去到 Alain Passard 的餐廳，才發現根本不是這樣。相比之下，Alain Passard 的內場可說是談笑愜意；但這也沒有對錯，只能說每間餐廳都擁有自己的靈魂。而 Christian Le Squer 之所以能夠得到世界廚藝界的高度肯定，我認為與他帶夥伴的方式有非常大的關係。

實習的最後一天，Christian Le Squer 再次和我們討論，哪些菜單台灣可以做，哪些可能有問題、哪些不行，我們一道一道討論，哪些食材台灣沒有、哪些食材處理細節多，需要先做好備用、哪些食材要指定產區，指定小農。把所有可能發生的問題都找出來，做好準備之後，就是等待他來台灣了。

等到 Christian Le Squer 與他的團隊到了高雄，有趣的是，換他們覺得很緊張。他們來台灣三天，一共六場客座，每一天的餐會結束後，我們都會開會，檢討今天的狀況，並確認下一場餐會的食材準備與活動事宜。在高雄餐廳客座的這段期間，Christian Le Squer 一直在默默觀察，他對於數字非常敏感，他會數餐廳的座位，分析我們的菜單，很快就抓到餐廳的成本與業績。

從他身上，我也看到一位專業的星級主廚，真的需要很多綜合能力。料理是基本的大前提，健康好吃本來就應該要做到，想再前進，就會需要管理、溝通，以及成本的掌握了。

義大利麵盒子

Christian Le Squer 的經典料理，這道料理很有意思，外觀看起來就是一個長方形的盒子，而這個盒子其實是由義大利麵條拼貼而成，麵盒子中間放有內餡，製作這道菜極為費工。

麵盒子使用了有孔洞的空心義大利麵，麵條煮完後把麵條放入盆中，拌入橄欖油與起司後，一條一條鋪放在 A4 大小的烤盤紙上，等麵條冷卻後，就可以依照的尺寸去裁切，當作麵盒子的材料。

由於麵盒子裡面裝有內餡，因此要在鐵模裡組裝；首先放入麵盒子的立面，然後填入洋菇、火腿、松露、肉汁等不同食材，最後打入雞肉慕斯，再放置上蓋，送進烤箱。

最有趣的地方在於，這道菜看似義大利料理，但本實質上是法國菜。儘管是使用了義大利麵，但藏在裡面的醬汁、對於食材的處理方式（麵盒子每一面的尺寸都需要確實丈量，裡面的內餡，才不會因為厚度不夠而垮掉），這種對於食材的繁複處理與加工，反映了純粹的法國料理精神。

Christian Le Squer 對於這道料理的設計，我認為已是工藝等級的標準了，當年在高雄舉行的餐會，每一場約有八十位顧客，麵盒子的製作與組合極為費工，一場餐會就需要動用至少三個人一起製作。

當年發生了一個有趣的小插曲，隨著餐會進入尾聲，在討論明天餐會時，Christian Le Squer 說：「我看 Thomas 的人好像都會做囉，那明天我們晚一點到好了，就讓 Thomas 負責吧？」

我們當然表示沒有問題，不過 Christian Le Squer 的夥伴們卻不敢大意，他們連忙跑去地下室確認隔天餐會要使用到的食材狀況，檢查過後還是不放心，堅持還是需要他們一起參與。這也反映 Christian Le Squer 的旗下夥伴對於料理都具有高度的標準與要求。

葡萄柚三重奏

這是一道讓我印象非常深刻的甜點。

Christian Le Squer 同樣秉持他對於食材精雕細琢的處理方式，過程十分繁複。首先要將葡萄柚去皮切一半並榨汁，接著將葡萄柚皮水煮，連續煮 10 次，直到苦澀味被去除。

水煮 10 次後，接著使用了法國傳統的糖漬水果技巧；以水加糖一比一的比例，將葡萄柚皮浸在糖水裡，同時加熱，使其縮至糖漬入味。完成後的葡萄柚皮，會呈現 Q 軟的口感，並作為甜點的襯底。

甜點的中間與上層，則有葡萄柚濃縮煮成的果泥，中間加入雪酪，以及插放製作費工的毛玻璃糖片。其作法是將翻糖加糖煮至 160℃，接著加入九層塔葉。冷卻後，打成粉，放入模具，再進烤箱。出烤箱成型後，即完成毛玻璃糖片。

一層葡萄柚、一層毛玻璃糖片，再加上雪酪。不同口感的滋味一個一個在嘴巴裡鬆垮溶解，又脆又 Q 且滑順。大家都知道甜點是法國料理的收尾，我自己在品嚐這道甜點時，入口之後的強烈印象就是 bravo。

這道甜點給我的感覺，就是鼓掌，此起彼落的口感、鮮甜的風味就像聽見掌聲，真的太精彩了，向主廚致意。

西班牙下酒菜

一般人會認為西式料理的烹調非常麻煩，有人甚至一想到準備食材，就打消了在家做菜的念頭。有句話說：「工欲善其事，必先利其器」，做菜也是同樣的道理，如果家裡能夠常備一些調味醬料，想要下廚時，就可以運用手邊的既有材料，輕鬆烹調，心情也會跟著愉悅起來。

所以不妨把常備用料的概念，想像成常用、且非一次性的材料。準備好一次，就可以保存起來慢慢運用。我愛用的常備用料之一，就包括本道料理使用的「橄欖油炸蒜片」，它的香味層次很豐富，有濃郁的辛味與香草清香，而且用在中西料理都適合。可以把它想像成台菜常用的油蔥酥，翻炒海鮮，便是美味的蒜香義大利麵；清炒時蔬，就是一款升級版的家常菜。

自製橄欖油炸蒜片只需要掌握關鍵訣竅，其實並不難。首先備好大量的橄欖油，放入切片的蒜頭，以 180℃小火慢炸約 15 分鐘。記得同時攪拌鍋中的蒜片，讓每個蒜片受熱均勻。這時油鍋會冒出泡泡，熱油正在慢慢榨乾蒜片的水分，攪拌時一邊觀察蒜片的顏色，當你發現蒜片呈淡褐色時，便可關火將蒜片撈起，以免過度加熱，蒜片苦味太重。

炸過蒜片的橄欖油也可拿來烹煮料理，光是清炒義大利麵就非常好吃了，以橄欖油拌炒的細扁麵，或加入辣椒，炒一盤蒜味辣椒雞肉義大利麵，都很好搭配，使用蒜片橄欖油爆香的「油泡蝦」，更只要兩分鐘就可以完成。

我的《蒜香橄欖油白蝦》使用了「小欖仁花園」的生態蝦，剝殼後與蒜片橄欖油、大蒜香草奶油一起下鍋炒至全熟，最後灑上義大利香菜「巴西利」。

準備好烤麵包，吸收蒜味與蝦味的橄欖油是最佳的麵包沾醬。品嚐時一定要把蒜片鋪在蝦子上一起吃，同時蘸附大量的橄欖油，微苦的蒜片讓白蝦的鮮甜更明顯！

《蒜香橄欖油白蝦》的原型其實是西班牙常見的 TAPAS 料理「蒜香白蝦」，TAPAS 的概念類似臺灣的下酒菜或開胃前菜，它是西班牙的飲食國粹，幾乎每間大小餐廳都有，種類變化非常多。TAPAS 的分量都不多，好吃開胃是重點。同樣的概念，其實可以衍生出許多變形，譬如蒜片炒小卷，搭配美國肯瓊粉，又或是用菜脯搭配同樣偏鹹的西班牙臘腸，看似沒交集的食材，只要好吃開胃，都能以 TAPAS 的方式呈現。

味
—
Tasting
—
114
／
115

蒜香橄欖油白蝦

1 人份

食材 Ingredients

白蝦	12 尾
蒜片橄欖油	80g
大蒜香草奶油	6g
法國麵包	1 條
辣椒粉	1g
胡椒鹽	1g
匈牙利紅椒粉	2g
細香蔥	3g
荷蘭芹	1g
巴西利碎	2g

香草蒜片橄欖油
每罐 200 公克
可製作 40 罐

蒜片	6kg
橄欖油	6kg
百里香	5g
迷迭香	15g
乾辣椒	30g
黑胡椒碎	15g

作法 Method

01／ 首先將白蝦去殼，開背去腸泥。
02／ 接著將細香蔥、巴西里切細碎備用。
03／ 將蒜片橄欖油、大蒜香草奶油、辣椒粉、胡椒鹽
　　 與紅椒粉，放入鍋中，以大火加熱混合。
04／ 接著加入白蝦拌炒，一起煮至九分熟，熄火。
05／ 最後撒上細香蔥碎，與巴西里碎即完成，可與法
　　 國麵包一起享用。

香草蒜片橄欖油

01／ 將百里香、迷迭香切碎，與辣椒粉、黑胡椒碎混
　　 和均勻備用。
02／ 使用橄欖油，以 170°C 的油溫將蒜片炸至金黃色。
03／ 蒜片成金黃色後，即可將步驟 1 備用的香料，放
　　 入油鍋，並快速攪拌爆香。
04／ 爆香後迅速撈起炸好的蒜片與香草，放置於涼處
　　 備用，油炸用的橄欖油也靜置放涼備用。
05／ 最後將橄欖油、蒜片與香草混合，即可完成蒜片
　　 橄欖油。

一顆荔枝，開啟正循環

把玉荷包（荔枝）做成吐司與冰淇淋，同樣是基於在地食材運用的觀念。法國料理雖常把荔枝用在甜點上，像是荔枝玫瑰馬卡龍、慕斯、蛋糕等，但我並不打算從果醬入手，反而吐司的靈感從腦中一閃而過。

從字面上理解，看到名為玉荷包吐司的食物，一般應該會認為是吐司裡可以吃到玉荷包果肉或果乾，但我覺得直接加入果肉的呈現方式，似乎又太理所當然。

每年立夏過後，荔枝就會陸續在市場上亮相。頂著五月的驕陽，果農們趕忙搶著採收果樹上的玉荷包，這一季是否豐收就看這個月。而高雄大樹是台灣最主要的玉荷包產地，當地果園最集中的興田村因此被稱為「貴妃村」。

玉荷包果肉多，核果小，相較黑葉荔枝口感更佳，許多人孩童時期的共同回憶，就是在夏天時，品嚐冷藏後的玉荷包。冰冰地小口果肉，沁人心脾。

有了把玉荷包變成吐司與冰淇淋的想法之後，才發現，台灣目前似乎只有我在做。猜想是因為玉荷包的產期非常集中，僅有一個月多的黃金採收期，除了生果之外，少有人在玉荷包身上動腦筋。

玉荷包吐司的主要原料，自然是高雄大樹，但想製作吐司，則必須要有玉荷包果泥。玉荷包果泥的製作超乎想像的費工，光是摘採玉荷包，就需要手工去殼取果肉，取下的果肉經過殺菌加工製成果泥，以 72 小時的低溫下 3 倍濃縮冷凍保存。

再經過煮餡、拌餡、加入老麵糰、和餡的過程。期間麵包師傅必須反覆揉捏麵糰，完整的製程，大約需要六個小時。

為了讓吐司的風味再多一點層次，我再加上內門的滿築蜂蜜，以及法國 AOP 依思尼奶油，讓吐司嚐起來多些溫潤的甜味。

完成的玉荷包吐司厚度約 3 公分，雖然看不到果肉，但入口後便可以直接嚐到荔枝的清香。即使不包餡，未烤過，原本的風味就很好吃了。

玉荷包吐司的誕生，原是為了支持在地食材，與地方農產一起開發新的銷售可能。最初只有限量供應，沒想到推出之後大受歡迎，我們也因此逐年增加收購大樹玉荷包的數量。

台灣有很多優秀的農產，身為料理人，除了用購買的方式來表達支持，把這些食材變成料理的一部分，也有助於推動正向的飲食循環。

玉荷包吐司

15 片，約 1.5 條吐司

食材 Ingredients

材料一

高筋麵粉	700g
鹽	2g
水	420g
濕酵母	30g

材料二

日本昭和粉	300g
糖	50g
鹽	7g
奶粉	20g
水	50g
荔枝果泥	150g
荔枝蜂蜜	30g
軟燙麵種	300g
奶油	70g

作法 Method

01／「材料一」打成均勻麵糰（麵糰溫度 24℃），接著讓麵糰在 28℃的恆溫環境中發酵 4 個小時。

02／「材料二」的日本昭和粉、糖、鹽、奶粉、水、荔枝泥放入攪拌機的鋼盆混合。

03／混合完成後，加入步驟 1 製作的麵糰，將攪拌機轉快速打成糰。

04／打成麵團後，再加入「軟燙麵種」並將其打至 9 分筋性。

05／接著加入奶油，繼續攪拌。

06／最後加入荔枝蜂蜜，先以慢速攪拌，待蜂蜜混合均勻後，將攪拌機改為快速，攪打一下即可（麵糰溫度 26℃ -27℃）。

07／將完成的麵團放置在 28℃的環境下，放置 20 分鐘後分割，再計 25 分鐘後整型第一次，最後計 20 分鐘後整型第二次。

08／最後發酵 1 小時，上火 220℃下火 190℃，烤 36-38 分鐘即可。

食材的換與不換

其實在研發玉荷包吐司之前，我們已有把玉荷包當作食材，開發成商品的經驗了，那就是『玉荷包冰淇淋』。

而玉荷包冰淇淋誕生的原因，最初是來自於高雄市農業局詢問。2015 年，適逢大樹鄉玉荷包盛產，那年產的玉荷包多到用不完，為了消化這些大量的玉荷包，農業局的夥伴們便詢問我們，希望我們可以研發以玉荷包作為食材的料理或加工製品，帶動一些玉荷包的使用。

我一收到農業局的詢問，馬上就想到「荔枝果泥」。其實一直以來，台灣都向法國進口了許多荔枝果泥。但有些進口的荔枝果泥，其原本的食材其實是來自於亞洲。簡單來說，就是把亞洲的食材販賣到歐洲加工再製，最後再被賣回亞洲。從食材的碳足跡角度看這樣的現象，我覺得真的很可惜，因為運輸往返的過程既不環保，成本更大幅增加了。

農業局的提議，我覺得很好，因此我就想到可以製作荔枝果泥；順利找到可以協助去殼，把果肉製成果泥的代工廠後，我們便把這些果泥製作成冰淇淋。

由於是直接使用新鮮天然的玉荷包果泥，所以製作出來的冰淇淋自然很好吃。我印象最深刻的是，它的原味呈現度非常高，味道很鮮明，一嚐就知道那是玉荷包的香氣與甜味。

其實玉荷包吐司與冰淇淋的設計，背後反映的是同樣的問題。身為料理人，在我的崗位上，面對產量過剩的食材，我可以做什麼？

我一直希望，如果國內可以出現一家代理商或食材原料商，幫助果農把台灣的水果製作成果泥，以冷凍的方式好好保存。或許就可以解決產量過剩的問題，我們甚至有機會把這些台灣果泥，販賣到其他的國家，做全世界的生意。

國內之所以會從法國大量進口果泥，是因為有許多餐廳與點心主廚為了呈現料理最忠實的風味，因此選用法國原產地的食材，以維持料理口味的品質。

忠於食譜，是職人專業且嚴謹的表現。有趣的是，從另一個角度看，這也是一種規格化的展現。由於是固定配方，一但更換食材，口感風味與料理品質都會改變，牽一髮而動全身，換了一項，其他相關食材的運用與搭配或許都需要重新設計。

身為料理人，食材的換與不換，並非是非題，而是未必有標準答案的連續填空題，「更換食材」字面上就是四個字，但實際上背後其實充滿了許多變數以及採購成本，或許會是一個很大的工程。只能說，如果主廚愈能掌握食材特性，就愈能在不損料理品質的前提下，變化並延伸出不同的可能性。

玉荷包冰淇淋

60 人份

食材 Ingredients
———————

材料一

鮮奶	2600g

材料二

脫脂奶粉	240g
細砂糖	1000g
冰淇淋穩定劑	30g

材料三

鮮奶油	660g

材料四

玉荷包果泥	2000g
荔枝酒	100g

作法 Method
———————

01／先將「材料二」加入「材料一」，拌均勻後，加入「材料三」再次拌勻。

02／將拌勻的冰淇淋基底，放入真空袋密封，冷藏 24 小時。

03／將冰淇淋基底以 85℃蒸煮 1 小時後，取出並冷卻降溫。

04／將降溫至 4℃的冰淇淋基底，過濾後加入材料四，以均值機乳化均勻。

05／最後將步驟 4 的成品倒入冰淇淋機，冷卻攪拌至蓬鬆狀，取出後即完成玉荷包冰淇淋。

形式與本質

通常在料理名稱上看到「鹹蛋黃」三個字，就會直覺聯想到金沙料理，擺盤通常帶有金黃色澤，看上去就食指大動。台菜、傳統中菜、東南亞料理皆相當熟悉將鹹蛋黃入菜，尤其香港素以金沙料理聞名。

金沙醬的傳統製作工序繁複，鹹蛋黃放入烤箱後，須以低溫烘烤去腥，突出香味；冷卻後，將鹹蛋黃壓碎，混合其他食材後便可製成金沙醬。

以醬汁聞名的法國料理，也有類似的技巧，不過法國人不用鹹蛋黃，而是將傳統餅乾或杏仁糖捏碎，再用奶油炒至焦糖化，鹹甜帶香的餅乾碎鋪在海鮮上，吃起來有醬味的靈魂。

同樣的概念，讓我好奇，如果想把金沙入菜，有哪些方式？

其實答案不只一個，金沙可以運用的方法可說變化萬千。不同的烹調方式得到不同的解答，可以作為裹覆酥炸的外層、包入菜式的內餡，或成為畫龍點睛的醬汁，金沙可以變化的層次實在太豐富了。

這道《奶油鹹蛋黃角蝦》就是以金沙的傳統食譜為靈感，將鹹蛋黃加入奶油、松子，調配出鹹蛋黃醬，塗抹在角蝦上，送進烤箱烤到微焦，富有顆粒鹹蛋黃和脆甜的蝦肉，擁有豐富獨特的風味。

食材組合與料理手法既不花俏更不困難，但這類直球對決的料理，其完成度卻非常仰賴食材品質，愈上乘的食材，愈能吃出端倪。

我使用了屏東鹽埔「廣大利」的鹹蛋黃，以傳統工法製作，不添加防腐劑、無污染的製作環境，讓它們獲得鴨蛋生產履歷認證。

近年才開始在台灣料理界受到關注的角蝦，其實是一種深海蝦類，主要來自台灣東北角海域。僅有野生，沒有養殖，不易保鮮，特色在於肉質甜味特別高，風味接近歐洲小螯蝦（Langoustine）。

以法式料理而言，小螯蝦之於台灣人是頗為陌生，但在歐洲卻是常見的高級食材，有些高級餐廳甚至會特別標出港灣出處，彰顯其出身高貴。回到在地食材的概念，我認為角蝦非常適合做為小螯蝦的替代食材。

鹹蛋黃與焦糖餅乾、角蝦與小螯蝦，形式與本質的延伸或創新，是料理職人一生都會不斷面臨與追尋的問題。

優質的食材是職人的好夥伴，懂得減法的藝術，不藉著烹調炫技，料理就會以它最適合的方式，散發光芒。

奶油鹹蛋黃角蝦

1 人份

食材 Ingredients

角蝦 1 隻

鹹蛋黃醬汁

鹹蛋黃	30g
奶油	50g
白胡椒	少許
鹽	少許

配菜

蒔蘿	少許
櫻桃蘿蔔	3 小支
香菜芹	少許
朝鮮薊泥	50g

朝鮮薊泥

朝鮮薊	500g
奶油	100g
檸檬汁	20ml
水	100ml

作法 Method

角蝦

01／首先將角蝦去殼，並以餐巾紙擦乾表面的多餘水份。

02／以平底鍋將蝦肉煎至約 7 分熟備用。

鹹蛋黃醬汁

01／處理蝦肉的同時，在另個不銹鋼鍋中加入奶油與鹹蛋黃，以小火慢炒至香氣散出

02／炒至鍋內出現些許冒泡，即可關火，鹹蛋黃醬汁即完成備用。

朝鮮薊泥

01／將朝鮮薊切片，與奶油放入鍋中以小火將朝鮮薊炒香。

02／接著倒入檸檬汁與水，持續煮至朝鮮薊軟化。

03／最後放入調理機，將其打成泥狀，以鹽或胡椒調味後即可備用。

擺盤

01／先在盤中淋入鹹蛋黃醬汁鋪底。

02／於盤中鋪上約一匙的朝鮮薊泥。

03／在朝鮮薊泥上疊放煎熟的角蝦，加入香菜芹、蒔蘿與櫻桃蘿蔔的裝飾即告完成。

吃不到米粒的粥

我在未滿二十歲,還沒有當兵前,曾在西餐廳當小師傅,當時餐廳秀正熱門,生意很好,客人絡繹不絕,這也使得我們的工作非常忙碌;那是一個經濟正在起飛的時代,午餐有秀、晚餐有秀,宵夜場也有秀。有客人上門欣賞表演,我們就必須為客人服務,烹調料理。

其中最特別的就是宵夜場,想像一下,到了宵夜時間,大部分的客人想吃的,通常不是牛排或龍蝦大餐,而是家常簡單,或是可以搭配酒水的料理。

所以宵夜場的菜單絕對要不同於午餐和晚餐,我上班的地方雖然是西餐廳,但懂得順應市場需求,因此當時宵夜場菜單,幾乎都是台菜小炒。其中鮑魚海鮮粥,也是宵夜場頗受歡迎的一道菜。

有時餐廳收工後,幾個好同事也會一起做些台菜宵夜,邊聊邊吃, 鮑魚海鮮粥也是大家都愛吃的料理。早期西餐廳的鮑魚海鮮粥有很多種版本,但基本標配一定都會有「車輪牌墨西哥鮑魚」,其他傳統用料則有筍絲、蔥油酥、蛤蜊,與鮮蝦。若要升級豪華版,還加入干貝等高級食材。

也忘了從什麼時候開始,作為法國餐廳主廚的我,開始在料理中加入台菜的元素,雖然所謂的「創意台菜」到現在似乎已見怪不怪,但「法式台菜」我想應該還算稀罕。 因此等我自己開了餐廳之後,我就把腦筋動到這道鮑魚海鮮粥身上。

因為想重新拆解重組傳統的鮑魚海鮮粥,讓成品脫離料理既定的形體樣貌。因此把生米煮到極細,幾乎吃不出米粒的口感,再用果汁機打成濃湯狀。原本的粥底變成湯底,狀態已不是粒粒分明的米,而是猶如米湯般的液體。

由於東西方料理邏輯,畢竟完全不同,只是把米粒打散,本質上還是屬於台菜的範疇。如何讓料理在精神上更加「台體法用」,則需要把最基本的海鮮湯底,都改採法式高湯的做法。

台菜的海鮮湯底,通常是使用魚、蝦、蚵仔、蛤蜊來組合,而《鮑魚海鮮粥》則使用螃蟹與蛤蜊製成的高湯、雞高湯以及鮑魚汁,讓湯品的層次更加豐富。擺盤時,可把食材一一堆疊上去。上桌後,在客人面前,將米湯澆灌淋上,增加儀式感,當然這也是法國料理中的一個重要環節。

走在料理這條路上,我常常問自己,到底要做到什麼程度,才算得上拆解?把一碗海鮮粥變成一道菜就算嗎?如果技術不是問題,本質上又該相同還是不同?

我目前的答案是,料理的拆解與重組,沒有做不到,但卻未必想得到。

鮑魚海鮮粥

6 人份

食材 Ingredients ・ 作法 Method

鮑魚汁 —— 6 人份

南非鮑魚	2 顆
西芹	20g
月桂葉	1 片
百里香	1 小支
黑胡椒原粒	5g
水	300ml
鹽	3g

螃蟹高湯 —— 6 人份

小隻螃蟹	3kg
蛤蜊	1L
水	1.5L

海鮮粥

高雄 145 有機米	47g
雞高湯〔見 P31〕	250ml
燉煮鮑魚汁	125ml
螃蟹高湯	200ml
無鹽奶油	5g

01／將新鮮鮑魚,以牙刷刷洗乾淨。

02／接著將西芹、月桂葉、百里香、黑胡椒原粒與鹽放入鍋中,加入 3ooml 的水,以小火燉煮約 3 小時後離火備用。

03／接著製作螃蟹高湯,將螃蟹敲碎後,另起一鍋加入 1.5 公升的水,以中火熬煮約 40 分鐘後, 加入蛤蜊,烹煮約 10 分鐘後過濾備用。

04／將有機米、雞高湯以及鮑魚汁以小火熬煮,直到米粒燉煮成粥狀。

05／將烹煮完成的米粥,倒入果汁機打成米湯,接著在米湯中加入螃蟹高湯與無鹽奶油,再次加熱後即可享用。

海王子的城堡

和 Gérald Passedat 初遇在 2013 年的夏天，即使時隔多年，但當我第一次看見轟立在地中海崖邊的 Le Petit Nice，推開大門，由餐廳望向整面湛藍無際的海景，那個畫面直到現在我都還記得。

馬賽的米其林餐廳沒有巴黎這麼多，其中家傳三代 Le Petit Nice，就在 Gérald Passedat 的帶領下，於 2008 年獲得米其林三星殊榮，成為馬賽目前唯一的米其林三星餐廳。

馬賽的地理位置和高雄相似，都是國境之南的第二大城，也都擁有豐富的海洋資源。聰明的 Gérald Passedat 懂得善用馬賽的天然資源，他的強項就是海鮮料理，如果談到誰是最擅長料理魚類的星級主廚，Gérald Passedat 肯定榜上有名。

一般餐廳頂多供應 10 來種魚，但 Le Petit Nice 卻使用了 65 種以上的地中海鮮魚，為了表現魚種的滋味，其烹調以橄欖油為主，幾乎不用奶油。一般高端餐廳，通常會選用多樣化的海陸食材，但 Gérald Passedat 從前菜、湯品到主菜，都以魚蝦為主角，這也成為他獨樹一格的個人風格。

Gérald Passedat 精研地中海魚種，以科學研究精神，探索魚肉的質地、口感與風味，搭配普羅旺斯的香草蔬菜，從中實驗出最佳的烹調方式。平時餐廳打烊後，Gérald Passedat 甚至會與當地漁夫一起出海捕魚，他有一群理念相同的漁夫好友，每天提供新鮮多樣漁獲。餐廳的菜單甚至還會標註撈捕者的大名，表達他對生產者的尊重。

Le Petit Nice 廚房設置了一個海鮮直送的專用窗口，我在餐廳實習時就曾直擊漁夫把捕撈到的新鮮漁獲，直接從船上倒進廚房，名符其實的「產地直送」，非常有趣。

味
—
Tasting
—
136
／
137

馬賽魚湯

————————

Gérald Passedat 的招牌菜之一，是法國傳統料理《馬賽魚湯》(bouillabaisse)。被譽為世界三大湯頭之一的「馬賽魚湯」，是一道發源自法國地中海沿岸的複雜魚湯，也是普羅旺斯美食的經典料理，做法隨地方而有不同。

為了表現出濃郁的海味，食材上必須使用大量的小魚，並且要洗淨取出魚內臟，主廚的作法是先將洗淨的各種鮮魚入鍋，且要炒至魚肉幾乎都化散後，加入小蟹、番紅花、番茄及多種蔬菜再炒第二輪，接著加入極少量的高湯，以食材與高湯 3:1 的比例小火熬煮，經過不停翻攪，將食材磨碎再過濾，才能製作出湯色美麗，口感濃郁細緻，卻全無腥味的《馬賽魚湯》。

龍蝦佐番紅花洋芋、魚湯

————————

《龍蝦佐番紅花洋芋、魚湯》（Soupe de poission, homard et pomme de terre safranée），則可視為《馬賽魚湯》的升級版。Gérald Passeda 以自己的配方重新詮釋，將各種岩魚加上茴香根、西洋芹、番茄、韭蔥、柳橙、大蒜、茴香酒、番紅花等蔬菜及香料，熬煮成一鍋美味濃湯。最後搭配海鮮之王龍蝦，以及浸在番紅花魚湯中的洋芋，湯頭熬煮的工序與細節頗為繁複。

傳統馬賽魚湯的湯液偏濃稠，不會擺入肉眼可見的魚肉海鮮，此道《龍蝦佐番紅花洋芋、魚湯》可算是傳統版的變形。

法式涼麵

在東亞地區，冷麵是道常見的料理。

日本的蕎麥麵就有冷麵版的吃法、韓國的水冷麵是朝鮮三大美食之一、台灣涼麵更是許多人的夏季日常。

可是在法國，冷麵卻是極為少見，就算在愛吃麵的義大利也不普遍，冷麵基本上不存在於歐洲的飲食文化。回想我第一次吃到義大利麵作法的冷麵，也不是在歐洲，而是在日本。

台灣的夏天炎熱，容易讓人缺乏食慾，「冷麵」就非常適合打開胃口。

義大利的 Capellini（天使細麵）是廚師很喜歡的一種義式涼麵食材，有別於台灣涼麵一般先煮熟後放涼，天使細麵美味的訣竅就在現點、現煮、現吃，麵條質地Q，吃起來有一股淡淡香氣、咬勁脆彈、口感獨特。

義大利人嚐到好吃的義大利麵時，會說「AL DENTE」，意思是麵條或米飯吃起來很Q、彈牙、有咬勁。正統的義大利麵口感是有脆度的，吃起來有點像魚翅，滑順且脆脆的。麵條下水煮至 7~8 分熟後，快速撈起盛盤。

而在義大利麵條中，天使細麵很適合製作冷麵或橄欖油清炒（搭配特殊作法，甚至可以取代麵線）。

這道《蟹肉蔬菜冷麵》，原本創作於 2013 年的「萬里蟹主題菜單」，當年我企畫了一個以「台灣花蟹」為主角的系列菜單，《蟹肉蔬菜冷麵》正是其中之一。

台灣花蟹的鮮味很明確，只要原味烹調，並搭配不同的食材，就能夠讓料理非常出色。因此這道義式冷麵的作法也很簡單，由於因為麵體細，容易吸附醬汁，因此我捨棄一般醬汁，改搭配蛤蜊醬汁與蔬菜。

首先，要讓麵體吸附滿滿的蛤蜊香氣，因此必須先備妥蛤蜊汁。用橄欖油把乾蔥炒香，再以白酒蒸熟萃取鮮甜的蛤蜊汁，將蛤蜊肉取出後，採取法式手法加入鮮奶油打成汁鋪底，綴上花蟹肉，再拌入頂級橄欖油，以胡椒調味提香。

只要把握天使細麵的口感原則，煮三分鐘後，快速冷卻，搭配海鮮與蔬菜，就可以變身海洋田園版的義大利冷麵。

最後把烏魚子炙燒磨成粉，代替起司灑在冷麵上，沁涼鹹香的海味，在炎熱的夏天來上一口，只有在台灣，才能吃到這樣的美味。

蟹肉蔬菜冷麵

8 人份

食材 Ingredients

冷麵

天使細麵	600g
筊白筍	150g
櫛瓜	150g
蘆筍	150g
竹筍	150g
白花菜	50g
青花菜	50g
甜玉米	100g
風乾小番茄	100g
帕瑪森起士	100g
香草	適量
蟹肉	240g

番茄醬汁

橄欖油	50ml
油漬番茄	50g
油漬番茄油	80ml
牛番茄	1000g
甜椒	100g
大蒜	20g
西芹	50g
胡蘿蔔	50g
洋蔥	65g
番茄汁	500ml
鹽	2g
檸檬汁	15ml
巴薩米克醋	30ml
白酒	30ml

作法 Method

冷麵

01／筊白筍、櫛瓜、蘆筍、竹筍切條，與青花菜、白花菜等蔬菜燙熟，拌入橄欖油與鹽備用。

02／在沸水中放入少許鹽，將天使麵煮 2 分半鐘後，撈起冰鎮備用。

番茄醬汁

01／在鍋中使用橄欖油與油漬番茄油，炒香大蒜、西芹、紅蘿蔔、洋蔥。

02／接著再加入牛番茄、甜椒與油漬番茄，以小火炒軟。

03／再加入番茄汁與白酒，以小火熬煮約 30 分鐘，加入鹽、檸檬汁、巴薩米克醋調味。

04／調味後將其打成泥，以濾網過濾後，再次加熱並依個人喜好加入鹽與胡椒調味，放涼備用。

風乾小番茄

01／將小番茄放入沸水中，燙 20 秒。

02／20 秒後撈起，並放入冰水冰鎮。

03／冰鎮後的小番茄，直接用手就可以簡單剝除外皮。

04／小番茄去皮後，將之放入碗中，與鹽和橄欖油均勻拌勻。

05／將拌勻的小番茄放入食物烘乾機

06／溫度定為 60℃，烘乾約 3 小時，將小番茄烘至含水量剩下約 50%，即完成風乾小番茄。

擺盤

01／將冰鎮過後的天使麵條拌入番茄醬汁，並擺上蔬菜、風乾小番茄、玉米與香草。

02／刨些許帕瑪森起士，淋上些許橄欖油即完成。

这 PATHING 余

一生最難忘的十天

早餐的「蛋」，充滿了形形色色的變化：水波蛋、糖心蛋、太陽蛋、歐姆蛋……這些都是早午餐常見的組合。

在家想要享受一頓精緻的早餐，自己下廚準備水波蛋、歐姆蛋絕非難事，因此這道《英式牛排水波蛋早餐》就是一道適合休息日在家，簡單烹煮的家常料理。

身為一位料理職人，我從國中畢業就去各式大小餐廳、飯店工作。主廚的工作看似風光，但外人不知道的是，即便出國也常常是有任務在身。大半輩子過去了，不知不覺，我成為了別人眼中的工作狂。

同樣是有任務的遠行，2019 年我在英國待了十天，不同的是，那次是我陪女兒到英國考研究所，這趟父女單獨相處的行程，在英國尋找美食，品嚐在地料理，不論對我或女兒，都很難得。

我陪伴家人的時間並不多，待在家的時間太短，家人們的早餐都簡單吃，但在英國的那十天，意外獲得許多做早餐的時光。這十天，我成為女兒專屬的私廚，每天變換不同的早餐菜色，還教女兒怎麼做歐姆蛋和義大利麵。

這道《英式牛排水波蛋早餐》有板腱牛排、水波蛋、炒洋芋、炒菌菇、布里歐麵包、楓糖、田園生菜沙拉、堅果，飽足感十足。歐美人很習慣把牛排當作早餐，相較之下，在台灣除了台南具有大清早喝牛肉湯的特別習慣，把牛排當作早餐的飲食文化在其他地方幾乎沒有。

板腱牛排搭配海鹽的美味不在話下，但我覺得這道早餐最畫龍點睛的地方，在於它的蛋。源自紐約的水波蛋，就是俗稱的「班尼迪克蛋」，據說是位證券商為了解決晨起宿醉，要求飯店主廚做出來的配方。

水波蛋的靈魂在於汩汩流出的蛋黃和荷蘭醬結合後，帶來的濃郁蛋奶香，搭配香脆培根與嫩炒菠菜沾著蛋液吃，心情也跟著好了起來。

只要掌握幾個技巧，在家也可以輕鬆煮水波蛋。首先燒一鍋水，水滾後轉成小火，加入白醋與鹽，用筷子或湯匙在鍋內順時針快速攪動畫圓，製造漩渦，然後將蛋從中間輕輕慢慢地放入，蛋白會逐漸包圍蛋黃在鍋中旋轉、成形。最後利用餘溫將蛋白熟透，蛋黃維持液體狀，撈起就完成了。

一顆水波蛋的製作時間大約 5 分鐘，對於工作忙碌的上班族，就可以趁有空時做起來備用，不論火腿菠菜水波蛋，或是煙燻鮭魚班尼狄克蛋都非常好用。

我從英國回台後，腦海裡就不斷回想和女兒一起早餐，做蛋料理的快樂時光，最後忍不住改了 LA ONE 的菜單，那天以後，早餐開始供應水波蛋。

英式牛排水波蛋早餐

4 人份

食材 Ingredients

起司煎洋芋餅

洋芋	500g
鮮奶油	30ml
起司絲	60g
胡椒	適量
鹽	適量

牛排（五分熟）

板腱牛排	600g
胡椒	適量
鹽	適量

澄化奶油

奶油	1kg

荷蘭醬

蛋黃	4 粒
白酒	40ml
胡椒	少許
鹽	少許
澄化奶油	120g
檸檬汁	30ml

水波蛋

水	3L
全蛋	4 粒
鹽	12g

炒綜合野菇

香菇	100g
杏鮑菇	100g
洋菇	100g
蒜碎	15g
紅蔥頭碎	15g
鹽	適量
胡椒	適量
荷蘭芹碎	5g
小番茄	12 粒

作法 Method

起司煎洋芋餅

01／將洋芋煮熟，去皮並搗碎

02／接著加入鮮奶油、起司絲與胡椒鹽，攪拌均勻成洋芋泥。

03／取 80g 洋芋泥，壓製成圓形餅狀後，放入平底鍋中煎至雙面金黃即完成。

澄化奶油

01／取一公斤奶油，切小塊後放入鍋中。

02／以小火慢慢將奶油融化煮開，煮開後立刻關火。

03／將煮開的奶油，以常溫靜置兩小時。

04／兩小時使用湯匙，將最上層的油脂撈起，即是澄化奶油。

荷蘭醬

01／將蛋黃、白酒、胡椒和鹽調勻後，隔水加熱，同時打至濃稠狀。

02／再將澄化奶油與檸檬汁慢慢加入。

水波蛋

將水與鹽放入鍋中煮開，接著放入全蛋，煮至五分熟（約 4 分鐘）。

炒綜合菇

01／平底鍋放入橄欖油，將香菇、杏鮑菇、洋菇一起下鍋炒香。

02／再放入紅蔥頭、蒜頭、胡椒鹽炒勻，最後加入荷蘭芹即可備用。

牛排

板腱牛排撒上胡椒、鹽，以平底鍋煎至五分熟備用。

擺盤

01／先放入煎洋芋餅，並把水波蛋放置在洋芋餅上方，疊出立體感。

02／接著在洋芋餅前方放置牛排，放置時可讓牛排帶出高低傾斜感。

03／最後則在兩側分別放置炒菇與小番茄，即可享用。

一罐常備的醬

在義大利有句諺語：「番茄紅了，醫生的臉就綠了。」不難想像義大利人對番茄熱愛的程度，如果你有機會逛逛義大利的當地超市，就會發現它們番茄醬的選擇多到驚人，且價格相當平易近人，由此可見番茄醬在義大利國民心中難以撼動的地位。

我的《肉醬蔬菜義大利麵》源自義大利波隆那，在那裡，當地每個家庭都有自家版本的番茄肉醬麵，基本上就是一般人最熟悉的義式風味醬料。

2008 年，我參訪義大利慢食展，前往義大利北部靠近杜林（Torino）的小城普拉（Bra），好不容易抵達波隆那肉醬的原產地，終於一償夙願嚐到最道地的滋味。

發源於波隆那的番茄肉醬有其根深蒂固的傳統作法，食材上使用牛肉、義式培根（pancetta）、洋蔥、胡蘿蔔、芹菜、番茄糊、肉燉清湯、紅酒、些許牛奶或鮮奶油，並且要搭配手工扁寬麵，肉醬才能完美地附著在麵條上。

雖然受到速食文化影響，當代的番茄肉醬已經逐漸演變成大量番茄糊加上牛肉醬汁的陽春版本。但實際上，正統義式番茄肉醬的美味關鍵在於細火久燉；動輒要數小時熬煮，只為等待醬汁入味、收乾。

其中的靈魂底料「Soffritto」更是不可或缺。Soffritto 在義語中有「慢炒」之意，亦即「混炒蔬菜」；切丁的洋蔥、紅蘿蔔和芹菜，以大量橄欖油拌炒煮至軟爛出汁，作為料理基底。廣泛運用於義大利的麵、燉飯、蔬菜湯等各式料理。

為了更符合臺灣人的飲食習慣，我在製作義大利番茄肉醬時，改以豬代替牛，使用大蒜、白酒、百里香、月桂葉作為提香材料，而洋蔥、胡蘿蔔、西芹蔬菜丁則是烹煮湯汁時的常備食材。

素食版本可以加入菇、椒、菠菜、紅蘿蔔、根莖類，或葉菜類蔬菜。也可以變化為高檔澎湃路線，加入墨魚或北海道干貝，鋪上滿滿乳酪再送進烤箱做成焗烤。

對於喜歡下廚的人，我非常推薦家裡可以常備一罐義大利番茄肉醬，非常好用。在英國陪女兒的那十天，我還特別煮了一大鍋番茄肉醬留給她，只要會煮麵，10 分鐘就能從廚房驕傲地端出一盤好吃又營養的義大利肉醬麵。

肉醬蔬菜義大利麵

4 人份

途
—
Pathing
—
152
/
153

食材 Ingredients	
肉醬 —— 15 人份	
豬絞肉	3kg
洋蔥碎	500g
西芹碎	200g
紅蘿蔔碎	200g
蒜碎	50g
碎番茄	2kg
月桂葉	2 片
百里香	3g
奧立崗	3g
蔬菜	
白花菜	100g
洋菇	100g
玉米筍	100g
綠櫛瓜	100g
筊白筍	100g
義大利麵	
義大利麵條	360g
帕馬森起司粉	40g

作法 Method

肉醬

01／將洋蔥、西芹、紅蘿蔔、大蒜用橄欖油炒香，再放入豬絞肉炒熟。

02／接著放入碎番茄、香料一起，以小火燉煮約 40 分鐘，依個人喜好以鹽與胡椒調味即完成。

03／備用的肉醬可冷凍保存 3 個月。

蔬菜

燉煮肉醬的同時，則可以烹煮蔬菜。將白花菜、洋菇、玉米筍、綠節瓜、筊白筍等配菜（可依時節變化）放入滾水中燙熟，撈起備用。

義大利麵

01／肉醬的份量較多，準備單人份料理時，可取 200g 備用的冷藏肉醬，並與蔬菜一起煮熟。

02／最後將義大利麵放入滾水中煮 8 分鐘撈起，將煮好的義大利麵，加入肉醬與蔬菜拌均勻。

03／最後撒上起司粉，盛盤即可享用。

來自中卷的友情

身為廚師，了解食材是基本的基本，等到具備足夠的知識，漸漸地，就可以掌握東西方食材的互相轉換，鑲飯就是一個鮮明的例子。

義大利人會將麵包丁以及鮮魷丁炒辛香料，填進整尾墨魚，轉換到另一國度，日本也有一道享譽盛名的料理「花枝飯」（イカ飯）。

花枝飯是日本北海道渡島地方的鄉土料理，簡單來說烏賊飯就是把烏賊足部取下，將內臟清理乾淨，然後塞入米飯，用牙籤封住開口，再用醬油為基底的煮汁煮成，花枝包在裡面的飯充分吸滿醬汁，濃郁而不膩口。葡式傳統名菜乳豬鑲飯、台菜總舖師手路菜之一的布袋雞，這種填充的技法，其實也都可以視為系出同門的料理手法。

結合義式料理與日本花枝飯，是在一場日本美食節獲得的靈感，我將日本的滷汁米飯改以義式燉飯替代。以魷魚作為主角的另一層意義，是因為魷魚是高雄的重點食材之一。許多人不知道，高雄的魷魚產量，其實是世界公海魷魚總產量的第二名，這也使得台灣成為世界主要

鮮魷的出口國之一；可說是名符其實的高雄特產。

將洋蔥、紅蔥頭、蒜頭爆香，拌入米心彈 Q 的高雄 145 號米，填入中卷內，與雞湯、鮮奶油一同熬燉半小時。經過長時間燉煮，中卷厚實的肉質轉為軟嫩甜脆，米飯也吸附了海洋的鮮味。雖是義式燉飯，但因加入鮮奶油，味道表現上多了一層法式料理風味。

其實，這道《鮮魷鑲飯》是在我擔任 PASADENA 帕莎蒂娜廚藝總監時的早期作品之一，當時我使用的是台南的中卷，後來才發現，原來合作供應商的千金李孟憶，就是我烹飪課的學生。人與人的緣分，就是這麼奇妙。他們家的中卷真的很棒，老實說，連高雄的都沒那麼好吃；海域、口感都特別新鮮，我餐廳的中卷一定用他們家的。

中卷是海洋大宗物種，不會因為季節而斷貨，市面上可以購買到大量冷凍的中卷，其實大多數都不是來自台灣附近海域，而是台灣遠洋漁船去抓的，前往中南美海域抓捕的。我合作的這家台南供應商，就非常專業，我會告知他們我需要的規格，譬如我要做鑲飯，每隻中卷希望 120 公克，需要一定的重量，他就會替我想辦法。

與這位供應商，相交至今 20 多年，就像老朋友一樣。說來奇妙，料理之所以誕生，是因為主廚的創意與技藝，可是如果沒有出色的食材，其實我們的想法，是絕對無法實現的。

料理這條路上，許多萍水相逢的緣分，因緣際會變成了戰友，那些留在我們心中的重要料理，都是大家一起努力所淬煉出的美味勳章。

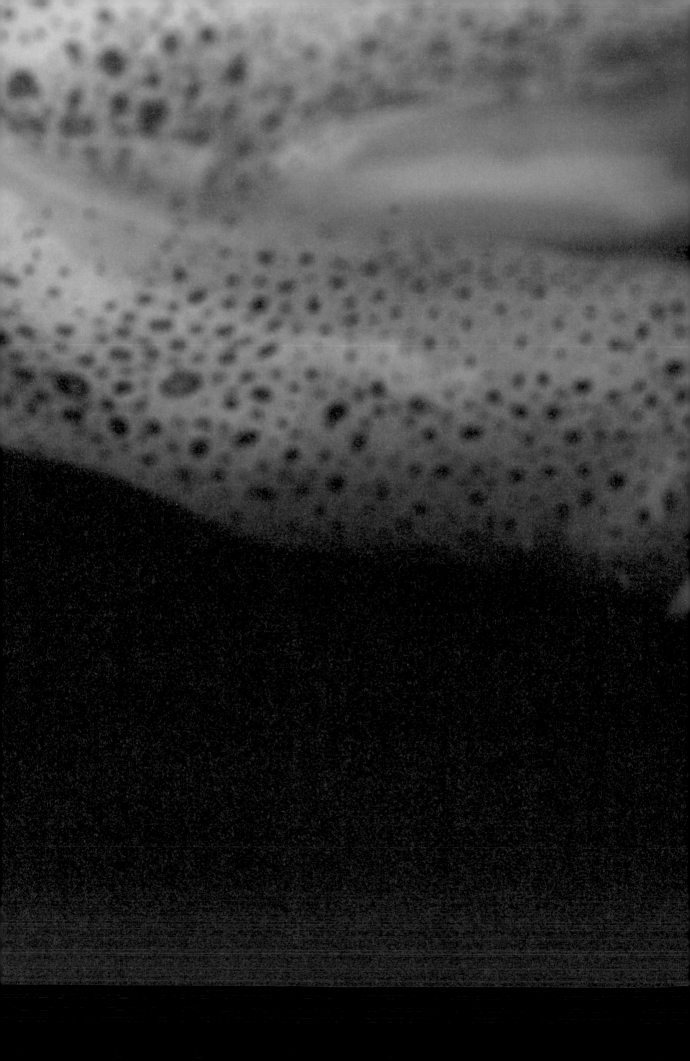

途
—
Pathing
—
156
/
157

鮮魷鑲飯

1 人份

食材 Ingredients

鮮魷（或中卷）	2 隻

燉飯

洋菇丁	30g
鮮魷丁	30g
雞高湯（見 P31）	300ml
鮮奶油	30g
帕馬森起司	30g
羅勒碎	5g
鹽	適量
胡椒	適量
肯瓊粉（見 P51）	適量
145 有機米	60g
百里香	5g

油漬蔥蒜醬
可製作約 19 罐
每罐 200g

紅蔥頭	1.2kg
大蒜	1.2kg
洋蔥	5kg
橄欖油	1500ml
雞油	150ml

作法 Method

鮮魷
將鮮魷去頭、清理內臟後洗淨備用。

油漬蔥蒜醬
01／將蒜仁、乾蔥（紅蔥頭）打碎備用。
02／洋蔥切碎備用。
03／備一鍋橄欖油，並加熱至 120~140℃。
04／於鍋中加入蒜仁碎、乾蔥碎，以及洋蔥碎。
05／維持小滾狀態約 2 小時，過程中須不時攪拌避免
　　黏鍋，煮至食材軟化後呈現糜狀即完成。

燉飯
01／將油漬蔥蒜醬爆香後，放入米、洋菇丁炒香。
02／接著將炒過的米與洋菇丁放入大鍋，倒入雞高湯
　　煮開。
03／煮開後轉為小火，慢慢悶煮 20 分鐘。
04／煮成七分熟的燉飯後，放入鮮魷丁、帕馬森起司
　　和鮮奶油，放涼備用。

擺盤
01／最後將燉飯填入整隻鮮魷，以平底鍋煎至上色後，
　　放入烤箱以 200℃烤 15 分鐘。
02／將鮮魷從烤箱取出，可保留全貌，或以切段方式
　　呈現。
03／將鮮魷放入盤中，接著擠入油漬蔥蒜醬
04／上桌前，於盤中撒上肯瓊粉，鮮魷鑲飯即告完成。

蔬食之神

有「蔬食之神」之稱的 Alain Passard，縱橫法國料理界 40 載，1996 年即已摘下米其林三星，且在 2016 The World's 50 Best Restaurants（世界 50 大）獲頒終身成就獎。

他的餐廳 L'Arpège，以蔬食料理驚艷全球，也是全球唯一，完全使用自家耕種蔬果香草的米其林餐廳，2001 年更曾引領料理界的蔬菜革命。Alain Passard 擁有三座農場，他的農場不僅只是作為自家餐廳食材的供應，還以有機耕作方式，復育法國古老植物品種，其中包含花卉、根莖類蔬菜、沙拉葉，以及水果。他所做的，基本上等於建立一個植物資料庫。

而在廚師的身份之外，才華洋溢的他成長於一個熱愛手工技藝的家庭，爺爺是竹編匠師，爸爸是音樂演奏家，叔叔是雕刻師，Alain 則是擅長薩克斯風與雕刻，和他的家人一樣，他也是位出色的藝術家。

2002 年，我第一次造訪兩家法國米其林三星餐廳，其中之一就是 Alain Passard 創立的 L'Arpège。當我成立 THOMAS CHIEN Restaurant 後，2013 年第一次邀請國外主廚來高雄客座，首位邀請的主廚就是 Alain Passard。兩次重要的「第一次」皆與他有關，實在是相當特別的緣分。

L'Arpège 雖位於時尚之都巴黎，但 Alain Passard 的烹飪技藝卻隱含著深厚的傳統基礎，譬如蔬菜泥的製作、肉類的室溫熟成、香草油萃取，以及植物煙燻法等，在現代廚房，這些傳統技術其實早已由機器取代，方便又快速。但 Alain Passard 就是堅持定要使用傳承自於祖母時代的傳統技法。

之所以堅持傳統技法，代表 Alain Passard 對於食材非常瞭解，他在轉型為蔬食料理之前，曾被喻為「火的傳人」，代表他對燒烤和溫度的掌握極其敏銳。

當年我曾進到他的廚房參觀，看見他利用爐灶安排肉類的熟成，至今仍令我印象深刻。前往法國米其林餐廳的學習之旅，打開了我的視野，更啟發我注重食材的特性，無論蔬菜、肉類烹調應有的最佳狀態。我最欣賞的 Alain Passard 的地方在於，他不只為美味服務，更帶有保種的思維；與蔬菜對話、重視與土地的關係。在 Alain Passard 身上學習到的態度與精神，讓我獲益匪淺。

橙汁糖漬鑲番茄

第一次品嚐 Alain Passard 料理，最讓我印象深刻的是《橙汁糖漬鑲番茄》（Tomato confite farci aux douze saveurs）讓我驚艷。這也是 Alain Passard 最著名的甜點。他在番茄裡填入鳳梨、蘋果、西洋梨、胡蘿蔔、果仁等多種水果以及十二種香料。以柳橙糖汁醃漬後，放入 110°C 的烤箱後，每隔 15 分鐘澆淋一次柳橙糖汁，重複三小時。很難想像這樣一顆糖醃番茄，居然收納了如此豐富的香氣與風味。由於太欣賞這道菜，2013 年主廚客座餐會時，我便費盡心思讓這道不在此菜單裡的甜品，想盡辦法爭取出場時機。

帕瑪森乾酪、酸模燉白玉蘿蔔

————————

《帕瑪森乾酪、酸模燉白玉蘿蔔》（Radisotto au parmigiano reggiano à l'oseille），則是蔬菜版的義大利燉飯（risotto）。

將白蘿蔔與法國黑皮辣根，切碎為小丁，加入牛奶與帕瑪森乾酪後，將之煮至入味。作為鋪底的綠色醬汁，則是法國酸模，加上巴西里菠菜奶油醬。在法國，Alain Passard 料理這道菜時，他使用的是日本大根，但在臺灣，則改用高雄美濃的白玉蘿蔔。

甜菜根握壽司

13 年的客座餐會,我也有機會重現 Alain Passard 另一道經典作品《甜菜根握壽司》(Fin sushi légumier à la betterave),這道菜以日本握壽司的方式呈現,為了向 Alain Passard 學習,我在他的餐廳待了將近半個月,回到台灣後再以在地食材,重新轉化這道作品。

這件作品的關鍵,其實是以大量無花果葉,萃取精煉後的無花果油。無花果油的製程,是 Alain Passard 由祖母輩傳承下的煉油法,獨門獨家。

我選用了微風市集葉菜達人余清日的甜菜根,將其帶皮水煮,作為魚肉的代替品,並將其以甜菜根汁與鹽之花混合,靜置三天染色。

握壽司當然會有米,雖使用日本米,但 Alain Passard 並不加入芥末,而是以法式芥末籽醬取代;保留芥末的嗆味但並不強烈。看起來是握壽司,吃起來卻是道地的法國元素。

如無親口品味,很難想像 Alain Passard 是如何運用鄉野食材,徹底地重新詮釋日本握壽司來自海洋的 DNA。

外帶年菜大明星

「紅燒獅子頭」又叫做「四喜丸子」，出身淮揚名菜，它是滿漢全席裡重要的宮廷菜之一，也是大家耳熟能詳的菜色。每到逢年過節，一定能夠看見它的身影，圓潤的外表有著團圓的寓意，飽滿的肥大肉丸子上桌之後，整桌菜都顯得氣派十足。

我非常愛吃紅燒獅子頭，它也因此成為員工餐的常見菜色。飽滿的一顆獅子頭，裡面有菜有肉，配飯、拌麵都很適合，和餐廳夥伴們一起吃多方便。

《紅燒獅子頭》用到的食材不少；絞肉、白菜、香菇、木耳、金針菇、醬油、蒜頭、青蔥、洋蔥、當歸、松子約十多樣。

許多人把炸肉丸子誤認為獅子頭，其實兩者之間的做法及口感有很大的差別。獅子頭之所以是功夫菜，就是因為製作費時費力。獅子頭，最適合三肥七瘦的豬肉，肉要切斷並切碎，才能保持絞肉含水量，烹煮才會入味，口感鬆軟。

獅子頭在拌料時，無法用機器取代，只能憑藉個人手感，如何讓手上的肉餡黏而不硬，記得一定要把攪拌好的絞肉和佐料，以兩手拋丟的方式拍打，排出絞肉中的空氣，丸子夠緊實，下鍋油炸才不會散掉。

接下來的步驟就簡單多了，把捏好的肉丸放進油鍋，炸至表面金黃定型後，再撈出以陶鍋小火慢燉；大白菜鋪底，將乾香菇、金針菇、木耳一一放入，加入獅子頭跟辣椒，倒入雞高湯，撒入調味料熬煮，滾沸後以小火煨煮慢燉約一小時，即可盛盤。

在臺灣，《紅燒獅子頭》因為特殊的時空環境，也屬於一代人記憶裡的眷村菜，對他們來說，獅子頭也曾經是解鄉愁的滋味。有趣的是，近年隨著國人愈來愈習慣年菜外賣，我們家的《紅燒獅子頭》竟誤打誤撞成為餐廳預購年菜的明星，撰寫本書時，我想著要公開我的配方。

等到年節將至，天氣開始轉涼，大白菜進入軟嫩鮮甜的當令季節，不妨試試我的食譜，煮一鍋紅燒獅子頭煨白菜。和家人一起備菜，捏著肉丸，相信會是一次難忘的回憶。

紅燒獅子頭

15 人份，約 30 顆

食材 Ingredients

獅子頭

豬絞肉	2kg
洋蔥	170g
蔥花	35g
蒜頭	35g
醬油	70ml
砂糖	50g
白胡椒粉	2g
太白粉	35g
香油	5ml
米酒	35ml
沙拉油	適量

配菜

乾香菇	22g
大白菜	2kg
金針菇	300g
黑木耳	200g
辣椒	17g
醬油	70ml
水	700ml

作法 Method

獅子頭

01 / 將豬絞肉、洋蔥、蔥花、蒜頭、醬油、砂糖、白
胡椒粉、太白粉、香油與米酒等材料混合，攪拌
均勻後，捏成 80g 的肉丸，15 人份可製成 30 粒。

02 / 將適量沙拉油倒入鍋中，以油溫 180℃ 將肉丸炸 4
分鐘，至表面上色後撈起備用。

03 / 於鍋中加入香菇與蒜頭，開火爆香。

04 / 接著在鍋中加入炸過的肉丸，並放進大白菜、金
針菇、黑木耳、辣椒、醬油和水，先以大火煮開
後，轉小火悶煮約 60 分鐘後即可享用。

去咖啡店吃湯麵

對於早已習慣 Brunch 文化的臺灣人來說，一般人應該很難想像，怎麼會去 Café 點湯麵？

湯麵的確很難跟西式簡餐連結在一起，但說來奇妙，在設計 LA ONE Café 的菜單時，我就加入了海鮮湯麵與牛肉麵，而且一直很受歡迎，專程來 Café 吃湯麵的顧客大有人在，說起來已不是新鮮事了。

這道《海鮮湯麵》最吸引人的地方在於我們用西式湯頭，搭配台式紅蔥頭。湯底是熬煮 7 小時的雞高湯，裡頭有鮮魚與干貝，還特別選用了台南七股「黃芬香生態養殖場」的黑金文蛤、以及「小欖仁花園」的生態白蝦。當然還有微風市集的有機蔬菜，比照日式拉麵放上溏心蛋，

並灑上雞油爆香的油蔥酥，乍看之下很普通，但吃起來非常滿足。

《海鮮湯麵》的生世很平凡，不像法國或義大利料理擁有深厚的淵源，一般人對它的印象就是庶民小吃，但也很家常，夠親切。

其實《海鮮湯麵》原本是我們的私房菜，主要是煮給夥伴或訪客用的簡易午餐，我們也曾煮給來客座的米其林 3 星主廚品嚐，沒想到大受讚賞。

但之所以在菜單裡加入中式湯麵，其實是在 LA ONE Café 籌備前，有次機緣我前往吉隆坡，發現當地咖啡廳不只有提供西式料理，也能吃到海南雞飯等傳統飯麵。像極了深受法國殖民影響的越南咖啡廳，咖啡搭配河粉、越式春捲等庶民飲食。

對我來說，在 Café 加入中式麵食的確是另類的嘗試，但想想海鮮湯麵的出身，也許沒有顯赫淵源，但風味的確特別。對於喜歡我們家湯麵的顧客來說，或許海鮮湯麵與牛肉麵就是我們最在地的人情味。

海鮮湯麵

1 人份

食材 Ingredients	
麵條	90g
雞高湯（見 P31）	600ml
麻竹筍絲	20g
白菜	30g
白精靈菇	15g
白蝦	40g
蛤蜊	3 顆
魚肉	3 片
小卷	40g
干貝	1 個
全蛋	1 顆
油蔥酥	15g
蔥花	15g

油蔥酥 每罐 200 公克
可製作約 60 罐

紅蔥頭片	6kg
橄欖油	5L
雞油	1000ml

作法 Method

溏心蛋

將雞蛋放入沸水中煮 6 分鐘，起鍋後放入冰水冷卻。

油蔥酥

01／將雞油與橄欖油混合，以 180°C 油溫逼出香氣。

02／接著放入新鮮細切的油蔥片酥炸。

03／油炸的同時持續攪拌，讓每一片紅蔥酥都能均勻
　　受熱，並吸飽雞油與橄欖油。

04／也可依個人喜好加入少許蔥與蒜等辛香料調味，
　　當紅蔥片炸至金黃色後煮可關火，即告完成。

海鮮湯麵

01／將所有的蔬菜與海鮮，以雞高湯煮熟，以個人喜
　　好以鹽或胡椒調味備用。

02／另起一鍋熱水燙麵，麵條燙好後，起鍋備用。

03／將燙好的麵放置碗中，接著倒入煮熟的蔬菜、海
　　鮮料與雞高湯。

04／最後放置溏心蛋，加入油蔥酥與蔥花即可享用完成。

大師的玩心

有現代法國料理教父美名的 Pierre Gagnaire，以其前衛大膽的料理手法，被喻為味覺的拓荒者、廚藝界的畢卡索、康丁斯基。師事 Jean Vignard、Paul Bocuse，其料理風格就是「無國界的顛覆與混搭」，並以「無招牌菜且絕少重複」聞名。

1992 年摘得米其林三星，並獲法國最佳廚師封號，自此以後，其餐飲帝國急速發展，包括在東京、杜拜、首爾、香港、上海、拉斯維加斯等地，Pierre Gagnaire 的餐廳在世界各地迄今已摘下 16 顆星星。

2014 年，我邀請 Pierre Gagnaire 來台客座，其行事作風，一如他鮮明的前衛料理。答應受邀的他，卻沒有提供菜單，剛開始著實令人不明所以。

當我前往他的餐廳實習，現場直擊廚房的工作流程，真是讓我大開眼界。出餐節奏緊湊但又隨興所致，實際見證瘋狂大師調皮而泰然的處事風格，我才理解原來 Pierre Gagnaire 大半生，最抗拒的就是侷限與自我重複，處處都是瘋狂創意想法的他，菜單什麼的根本不須掛心。

Pierre Gagnaire 相信自己的直覺，並以此把顧客帶往眼花繚亂的料理風景，再加上他喜歡旅遊，玩心旺盛加上見多識廣的結果，就是從歐美橫跨亞洲到中東都有開店，料理元素極為多元。他的餐廳廣泛運用各國食材，並結合歐亞香料特色，難怪美食評論家將其奉為 fusioncuisine movement 的代表人物。

Pierre Gagnaire 的矛盾性格，充分體現在他的作品當中，依循但又跳脫法國料理的傳統技法，常碰撞出看似反差，卻無比協調的效果。例如一道《帶殼牡蠣佐鮮魚抹醬拌薑末與凍香蕉》，實在好奇，他怎想到把生蠔搭配香蕉與香菜？

肥大的生蠔鋪墊在魚肉泥上，魚肉經過生薑泥、冷凍香蕉與香菜的調味，這些都是其他廚師沒有嘗試過的組合，但風味卻極為鮮美，令人嘆為觀止。

干貝軟糕

餐會裡的《干貝軟糕》（Saint-Jacques）同樣是即興之作。
Pierre Gagnaire 讓東南亞綠咖哩，與日式和風抹茶醬出現在同一
道料理之中。

他將蛋白、雪莉酒、鮮奶油與干貝打成干貝泥，入烤箱烘烤為軟
糕。以孜然、蒜與紅蔥頭調味的綠咖哩，則為干貝軟糕提味。為
了強調軟膏的軟，搭配的是干貝丁、奶油苦苣、甜菜嫩莖與白葡
萄等口感鮮脆食材，最後佐上濃郁的和風抹茶醬汁。

乍看像是一道抹茶甜點，淺嚐一口才發現風味之繁複，一道菜色
就展現兩種干貝滋味，醬汁的組合尤其多元，其中包括咖哩、抹
茶和杏仁，一入口便讓人驚嘆不已。

途
—
Pathing
—
1 7 4
╱
1 7 5

工藝的精神

2009 年摘下米其林三星至今的 Éric Fréchon，其實早在 1993 年即獲法國總理頒發「法國工藝大師」(M.O.F.) 的肯定，更擁有法國騎士勳章。

在法國，大家稱他「宮廷主廚」，因為他的餐廳 Epicure，就位於巴黎頂級旅館 Le Bristol，地點在 Palais de l'Élysée (總統府愛麗舍宮) 旁，擁有 300 年歷史，這裡曾經是法國宮廷所在地，出入此處的往往是法國貴族與重要人士，據傳法國前總統薩科奇 (Nicolas Sarközy) 就非常喜歡 Éric Fréchon 的料理。

如果光看 Éric Fréchon 的獲得的成就，容易將他誤解為一路順遂的天才名廚。其實 Éric Fréchon 一路走來認真踏實，他一現身廚房，第一件事就是試吃餐廳的招牌菜 Macaronis Farcis (松露通心麵)，確認口味無誤，才會安心開始全新的一天，迎接賓客。由此可知這位名廚的個性：認真、準確、追求卓越。

來自諾曼第農民家庭的 Éric Fréchon，成長記憶中最重要的一道料理，就是母親親手做的蘋果餡，這深深影響 Éric Fréchon 的料理風格：親切、不炫技，但食物絕對要好吃。

近 20 年來，法國傳統料理受到新興廚藝的衝擊，但對 Éric Fréchon 而言，他並未因此追逐新興趨勢，原本就喜歡閱讀古代食譜的他，不改其志，反而更加堅定恪守法國傳統料理本位主義。就便從法國遠道來到台灣客座，他都要求端出的料理，務必百分之百原汁原味。

索龍尼魚子醬、煙燻黑線鱈洋芋慕斯、蕎麥酥捲

《索龍尼魚子醬、煙燻黑線鱈洋芋慕斯、蕎麥酥捲》（Caviar de Sologne avec mousseline de pomme de terre ratte fumée au haddock），其中的魚子醬選自法國 Caviar de Sologne，是法國很多星級餐廳主廚的最愛。特別的是，這道料理出餐時，會直接端出一罐魚子醬，通常都會伴隨「哇」的連聲驚艷。

傳統法菜主廚使用鱈魚為洋芋慕斯提味時，使用的多半是鹹鮮的鱈魚肝，許多高級餐廳則會搭配魚子醬，作為精緻的開胃菜。

建立在傳統法菜的基礎上，Éric Fréchon 使用煙燻鱈魚取代鹽漬鱈魚肝，將煙燻鱈魚與洋芋一同蒸煮，將蒸出的煙燻鱈魚汁混合洋芋泥，讓洋芋充分融入煙燻鱈魚濃濃的海味。然後將魚子醬和洋芋泥分別過秤，以精準的分量入模、烘烤。製作上需要非常細膩的廚藝技術。

作品的口感非常有趣，具有上冷下熱的反差對比，以貝殼湯匙舀起時，魚子醬下方就是軟滑香綿的洋芋泥。嚐起來是洋芋泥，但又具有煙燻鱈魚的香氣，搭配魚子醬鮮而不腥。

同場加映的「蕎麥酥捲」看似畫龍點睛，實則最費功夫。細薄的蕎麥餅須以鐵棒捲起，一根根製作，小火烘烤至酥脆，如何把烤得薄細的酥捲從鐵棒取出，更是難上加難。

當年邀請 Éric Fréchon 來台的客座餐會，我們一共烤了 800 捲，最後只有 600 捲能用，失敗率之高，實在非常考驗廚師的毅力和決心。

台灣茶與台灣牛

牛肉湯是台南的經典小吃之一，承襲著台南人「吃巧」的飲食文化，作法是將高溫的湯頭倒入溫體牛肉中，讓人直接嚐到最鮮嫩肉質，湯頭也有蔬果基底，清甜不膩，也有中藥熬煮，溫補養生等不同的作法。一碗牛肉湯再配上一碗肉燥飯，樸實無華卻成為台南排隊必吃的美食。

2016 年，為了推廣台灣牛，我和有「牛排教父」之稱的鄧有癸，進行了一場「台灣牛 VS 美澳牛」的料理對決。我還記得，當時除了牛肉湯之外，很少看到台灣牛肉被應用在西式料理中。

在對決中，我以台南的牛肉湯作為發想，取高溫的湯頭倒入溫體牛的做法，使用來自「芸彰牧場」當日現宰、牧場直送的台灣溫體牛，特別挑選瘦肉占比高、口感軟嫩的菲力，並融入法式元素，將湯底換成法式澄清湯。

傳統的法式澄清湯的製作過程中，需要放入大量的蛋白吸收雜質，所以湯頭中蛋白的味道會很強烈，因此我改以牛骨、牛肉、筋油、蔬菜一起慢燉 8 小時的牛高湯，利用牛骨和牛肉把湯頭熬煮至琥珀色。

這是我首次針對台法料理的特點，創作的牛肉清湯，汆燙生牛肉是台灣特有的飲食文化，法式澄清湯則是法國經典料理的代表。我從食材強化了法國與台灣的「傳統」，全新演繹台魂法菜的精髓。

2020 年，我收到「The One 食藝」的邀請，希望請我可以以「茶」為概念，設計一道「以湯代水、以茶入菜」的料理。我馬上想到的 2016 年的牛肉湯，如果可以加入茶的元素，就有機會顛覆傳統牛肉湯的形式，讓喝湯的享受更加升級。

我同樣選用新鮮的溫體牛，但這次我將牛肉切成薄片，包裹著蔬菜丁與鴨肝丁，捏塑成牛肉丸，再牛肉清湯中加入台灣高山烏龍茶葉基底，結合成茶湯，熱呼呼地淋在牛肉丸上，瞬間燙熟的牛肉滋味鮮甜，且帶有淡淡的茶香。

這道料理最需要注意的地方，就是溫度，為了避免牛肉高湯倒進茶壺和汆燙牛肉時降溫，湯碗與茶壺事先都必須預熱，才能呈現出最完美的狀態。

台灣茶牛肉清湯

1 人份

食材 Ingredients

茶葉牛肉湯

牛高湯	1000ml
(請見 p35)	
烏龍茶葉	7g

牛肉球

牛菲力	70g
櫛瓜丁	10g
竹筍丁	10g
胡蘿蔔丁	10g
白蘿蔔丁	10g
鴨肝	40g

作法 Method

茶葉牛肉湯

01／牛高湯煮滾後，使其離火。

02／將茶葉放入濾網，浸入牛高湯 6 分鐘後，取出備用。

03／牛肉湯備用時，也需注意溫度，食用時可讓牛肉
湯維持在 90℃ 較佳。

牛肉球

01／將櫛瓜、竹筍、胡蘿蔔與白蘿蔔切小丁煮熟後，
等比例混勻。

02／將鴨肝切為小丁備用。

03／將牛菲力切為約 0.2 公分的薄片。

04／在工作臺上鋪上保鮮膜。

05／將牛菲力肉片平鋪在保鮮膜上，再放入 30g 蔬菜
丁，與 10g 鴨肝丁。

06／利用保鮮膜，將之牛肉片包裹塑型成球狀備用。

擺盤

01／食用前先將牛肉球以烤箱烤 1 分鐘，使其回溫，
約 3 分熟。

02／將牛肉球放置於湯碗中，可先上桌。

03／上桌後，倒入茶葉牛肉湯，透過湯汁的溫度，使
牛肉球達到合宜的熟度，即可享用！

庶民小吃代言人

「火燒蝦」又稱為鬚赤蝦，亦有南部人喚作厚殼蝦，雖然台灣各地沿岸均有產，但以宜蘭、澎湖至高雄、東港海域較多，也因此成為海味鮮明的南部特色食材之一。

一般說到火燒蝦，最常見於台南小吃，譬如台南擔仔麵、蝦捲或蝦餅、蝦仁肉圓、蝦仁飯，甚至傳統鍋燒意麵中的炸蝦，都是以火燒蝦為代表的庶民小吃。

然而火燒蝦於我原是不甚熟悉的食材，直至 2004 年我在法國短期進修，當時雷諾特廚藝學院（École Lenôtre）課程中有一道蝦塔教學，使用的是法國當地小型蝦種，海味鮮明，蝦膏味道特濃。深入探索後，才發現這種小型蝦種也被廣泛運用於調製醬汁、熬煮濃湯。這個知識，便引發了我對於台灣食材的靈感。

回想自己以往在蚵仔寮採買海鮮魚獲，雖使用過劍蝦、海鱸蝦、白蝦等繁多小型蝦種。才發現最常被運用在小吃美食的火燒蝦，我竟從未作為食材。

有一回，我把所有蝦種全都買回，嘗試風味，一試就愛上火燒蝦超濃郁的蝦味以及脆甜的肉感。瞬間便想起我在法國嚐到的醬汁與濃湯，我認為火燒蝦的蝦膏甚至比法國小蝦更勝一籌。

《鮮蝦濃湯》是法式料理深具代表性的開胃湯品，我依循法國的傳統濃湯熬煮方式，但把主角換成火燒蝦，巧妙打開了「台味西吃」的新奇連結。鮮活的海味，如實呈現鮮蝦濃湯的道地精髓。

但《火燒蝦濃湯》之所以能夠成功，卻又要說到 2000 年我第一次出國，造訪香港港島香格里拉酒店珀翠餐廳 (Restaurant Petrus) 的記憶。那是我第一次喝到如此美妙的龍蝦湯，它的味道非常明亮，完全不同於早期我在飯店學習的龍蝦湯，只有鮮味，卻少了甜味。那碗湯打開了我對於海鮮湯品的味覺，當時的衝擊至今仍令我記憶猶新，也從其中學習到整隻蝦熬湯的關鍵。

早期台灣飯店廚師所接受的訓練，多是利用火烤後的蝦頭、蝦殼熬湯，即便湯頭海味、蝦味俱足，卻明顯少了蝦仁的鮮甜滋味。

《火燒蝦濃湯》的熬湯手法正是源於法菜《龍蝦湯》，將生成在海中的野生火燒蝦帶殼搗碎炒成蝦醬，再與紅蔥頭、洋蔥、西芹、蒜苗、番茄、香草等大量蔬菜，加入白蘭地一起熬煮成濃湯。1 公斤火燒蝦才能熬出 1.5 公升的蝦汁，但這僅僅是約莫 6 碗龍蝦湯的分量而已。

特別的是，為了使湯頭更濃郁，我加入了魚骨一起熬煮，利用魚骨的膠質，增加鮮甜的口感層次。由於火燒蝦生蝦身上帶有不規則的淡紫紅色、紅色斑紋，煮熟後蝦肉的紅色更鮮豔。一經中火烹煮之後，整碗湯上桌，紅光熠熠，名符其實宛如「火燒」。

由於我特別喜歡喝鮮蝦濃湯，後來還衍生出火燒蝦湯的其他料理吃法。譬如湯裡加了米飯、麵疙瘩，或讓義大利麵條沾吸香濃蝦汁，麵條吸入口中，滿嘴都是豐腴鮮美的蝦味。

火燒蝦濃湯

20 人份

食材 Ingredients

火燒蝦	3.5kg
魚骨	1kg

高湯底

紅蘿蔔	200g
西芹	100g
洋蔥	500g
蒜仁	20g
蒜苗	30g
乾蔥	20g
番茄糊	20g
牛番茄碎	1500g
原粒黑胡椒	3g
月桂葉	2 片
百里香	2 小支
白酒	150ml
水	4L
白蘭地	30ml

作法 Method

01／使用食物調理機，將火燒蝦打成泥狀。

02／用大湯鍋炒香紅蘿蔔、西芹、洋蔥、蒜仁、蒜苗與乾蔥等蔬菜，接著加入番茄糊、碎番茄碎、黑胡椒、月桂菜、百里香、白酒、白蘭地與水，作為高湯底。

03／以平底鍋炒香火燒蝦泥後，加入高湯底。

04／以平底鍋將魚骨煎上色，接著將煎過的魚骨也加入高湯底，以小火熬煮約 50 分鐘後，關火並以濾網過濾，即可享用！

流水席的 ENDING

法國肥育的肥鴨肝有很多種吃法，譬如凍派（Terrine）、罐頭的肝醬，或是煎鴨肝切片。法國傳統作法除了搭配松露醬汁，還會佐以覆盆子、無花果、莓果或百香果等酸果，製作成酸酸甜甜醬汁。

2013 年，我在法國名廚 Christian Le Squer 的餐廳 Ledoyen 嚐到一道炙燒鴨肝，他用了酸果滋味的冰沙搭襯打底，那道酸果冰沙讓我印象深刻，同時我也想到，如果換成把酸果換成台灣的青芒果，那它的酸甜口感應該會非常合適。

之所以想到青芒果，是因為兒時的記憶。小時候跟著爸媽去路邊吃「流水席」，從第一道菜開始，我就已經期待最後一道甜點——青芒果的到來。青芒果酸酸甜甜，還拌著碎冰，不僅去油解膩，也是喜宴完美的結束，剛好芒果盛產期在夏天，吃下一口冰涼，瞬間暑氣全消。

在台灣南部的早期辦桌文化中，很常見把青芒果當作甜點，現在不少南部的傳統冰菓店，也都還吃得到「樣仔清冰」。或許和產地有關，屏東三地門一帶種植了很多土芒果，老一輩人對食材醃漬的生活習慣，反倒成為現代人念念不忘的古早味。

由於一般人對青芒果的印象就是甜點，不會把它作為料理食材，這讓我想嘗試用青芒果入菜，因此創作了這道《煎鴨肝青芒果冰沙》。這是我第一次以青芒果入菜，結果出奇得好，青芒果和鴨肝搭配平衡。

再把糖漬青芒果切成薄片，就可以在料理中加入新鮮清新的風味。糖漬青芒果的過程並不複雜，洗滌、去皮切工，然後用鹽混攪、洗淨，再依照青芒果與糖的比例醃漬。

為了強調青芒果的獨特味道，我把青芒果冰凍凝固的結晶，加入青芒果打成泥，並用滿築農場蜂蜜調味做成雪霜，微甜微酸不青澀，只多了一道工序，青芒果的味道卻可以更加濃郁。

當炙燒鴨肝配上青芒果冰沙，冰沙融化後，彷彿成為鴨肝的醬汁，替風味增添了特別的體驗，再搭配愛文芒果的果泥與果乾。被台灣果香包圍的法國經典料理，不論風味或食材的運用，都是一種全新的演繹。

煎鴨肝青芒果冰沙

1 人份

食材 Ingredients

作法 Method

青芒果冰沙

芒果青	330g
水	300ml
檸檬汁	15ml
蜂蜜	15ml
鹽	少許

芒果醬 / 風乾芒果

新鮮芒果泥	400g
燕菜膠	3g
檸檬汁	30ml
鹽	2g
愛文芒果	1 顆

鴨肝

切片鴨肝	60g
雞肉汁	10ml

醋漬紅蘿蔔片

紅蘿蔔	一支
白酒醋	250g
糖	250g
鹽	4g
水	200ml
月桂葉	1 片
胡椒粒	5g
菜苗	2~3 葉

義大利陳年酒醋膏

義大利陳年酒醋	200ml
糖	30g

青芒果冰沙

01 / 將所有的材料用果汁機打勻混合後，裝入保鮮盒，冷凍凝結備用。

02 / 冷凍製成的青芒果冰，使用前以湯匙刮成冰砂狀。

芒果醬 / 風乾芒果

01 / 芒果醬：芒果泥加熱後，加入燕菜膠、檸檬汁，與鹽調味。

02 / 芒果醬冷卻後成為固態，再以調理機打勻後過濾，冷藏 4 小時備用。

03 / 風乾芒果乾：愛文芒果去皮後，將之剖半。

04 / 把剖半後的芒果放進食物烘乾機，以 65℃ 低溫烘約 5 小時，直至其排出約 60% 的水分（須於烘製過程中檢視，可視芒果大小適當調整烘製時間）。

05 / 一顆愛文芒果可做兩片風乾芒果乾，製成的芒果乾須冷藏備用。

醋漬紅蘿蔔片

01 / 將紅蘿蔔刨為薄片備用（共 500g）。

02 / 將在鍋中加入水、白酒醋、糖、鹽、胡椒粒，以及月桂葉，開火烹煮。

03 / 煮開後關火，將紅蘿蔔片放入，醋漬隔夜即完成。

鴨肝

使用平底鍋，將切片後的鴨肝大火煎至金黃色，淋上雞肉汁備用。

義大利陳年酒醋膏

01 / 將所有材料放入鍋內裡面。

02 / 煮開後轉小火，使其慢慢濃縮收乾，至濃稠狀即完成。

擺盤

01 / 先在盤中放入鴨肝。

02 / 在鴨肝旁立放一片風乾芒果

03 / 在鴨肝周圍，錯落點上芒果醬、與義大利陳年酒醋膏。

04 / 醋漬紅蘿蔔片捲為柱狀，使其躺平或直立後，放入盤中，並於頂部放上菜苗，變化盤面的層次感。

05 / 料理上桌前，再以湯匙，將青芒果冰刮成冰砂狀（約 40g），加入盤中即可享用！

台灣＋法國＝生魚料理

白蘆筍、蝦與海鮮是法國料理的常見搭配，在國外就可以發現有非常多類似的料理變化。它們主要都是冷盤，大多是以開胃菜的方式呈現。

我對這些食材的組合特別有感覺，作為法餐經典食材的白蘆筍好吃不在話下，加上我很喜歡海鮮，高雄又是個海洋城市，因此蘆筍與海鮮結合的料理形式，像是土地與海洋的匯聚，某種程度也可以反映當地的風土，對我來說一直是我感興趣的創作方向。

在歐洲，這類料理在概念上也會帶有一點生魚料理的表現手法，首先是視覺上的呈現，往往具有清涼感，也會搭配簡單爽脆的蔬菜，另外在口感上也常帶有酸味。

因此我也在思考，可以怎麼表現這樣的料理。首先我把白蘆筍更換成台灣竹筍，我很喜歡竹筍清脆微甜的口感，由於這道菜在口感上的設計，就是類似生魚片，我希望它嚐起來滑順潤嫩，與竹筍搭配，有助於變化口感層次。

並以屏東麟洛的檸檬製成的檸檬凍，取代法國原版的白酒凍。加入甜蝦與鮭魚卵，疊加食材與口感的豐富度，同時也加強海鮮元素。

這道料理有點像是「法國概念」版「台灣食材」的生魚料理，我覺得蠻有意思。

竹筍甜蝦烏魚子煙燻魚檸檬凍

4 人份

食材 Ingredients

主食材

竹筍丁	120g
甜蝦丁	120g
烏魚子丁	120ml
檸檬凍	120g
煙燻鮭魚丁	120g
鮭魚卵	40g
橄欖油	適量
小菊花瓣	適量

檸檬凍

檸檬汁	270ml
水	750ml
糖	150g
吉利丁	7 片
鹽	4g

煙燻鮮魚

鮮魚菲力	1kg
灰鹽	1kg

作法 Method

煙燻鮮魚

01／鮮魚去骨挑刺，取魚菲力，蓋滿灰海鹽後，醃 1 小時。

02／醃漬時間到後，洗清灰鹽，擦乾。放進冰箱冷藏風乾，須放隔夜 12 小時。

03／將隔夜風乾的鮮魚菲力，放入醃燻箱，維持燻箱溫度 5℃，冷燻約 4 小時。

04／煙燻的鮮魚菲力，再次放進冰箱冷藏風乾，隔夜 12 小時後即可食用。

檸檬凍

將檸檬汁、糖、水煮開後，加入吉利丁，冷卻成形備用。

擺盤

01／將竹筍丁、甜蝦丁、烏魚子丁、煙燻魚丁、鮭魚卵拌入橄欖油。

02／最後放上檸檬凍，即告完成。

日租公寓的早餐

和女兒在英國的那幾天,我們住在日租公寓,我每天都會做早餐與她一起吃。有天女兒說想學做歐姆蛋, 這道《蔬菜起司歐姆蛋》就誕生了。我在歐姆蛋裡塞入了滿滿的蔬菜,希望女兒多吃點蔬菜,營養才會均衡。洋蔥、洋菇、紅椒、竹筍、番茄 …… 蔬菜切丁後快炒,再用加入鮮奶油的蛋液包裹起來,變成歐姆蛋的內餡,裡面的蔬菜當然也可以依照時節更換。

我在烹飪時,女兒會在一旁用手機錄影我的每一個步驟,在英國的最後幾天,則是換成她來做,我在一旁教她。這讓我想到女兒從小其實也跟著我們跑過不少地方。我們家很少家庭旅遊,如果有出國,決大部分也都是與料理或工作有關。在疫情之前,餐廳每年都會舉辦米其林餐會,在餐會前我與幾個夥伴 定會去對方的餐廳實習。通常會實習一個星期,實習結束後我們會在當地短暫停留幾天,走看探訪挖掘當地食材或料理。我們通常會住在 Airbnb,去當地的市場採買,我煮給大家吃。這樣的行程,女兒也跟著我們去過幾次,她很喜歡這種自己買菜,回家之後大夥一起料理吃飯的場面。

我想我知道女兒為何特別喜歡這種感覺,身為一位廚師,老實說,在家的時間並不算長,更別說為家人下廚,外食的次數反而比較多。女兒不只一次提到,希望我們休假,希望家人都在;簡單做菜一起吃飯,就很快樂,她一直嚮往這樣的家庭生活。

這幾年餐廳與公司的經營慢慢步上軌道,餐廳裡面的夥伴們也累積了不少經驗與能力,他們愈來愈能幫忙分擔我的工作。所以那趟英國行之後,現在家人們每天的早餐,都是由我負責料理了。

想做的事情還是很多,料理的路基本上沒有盡頭,但我開始懂得把更多的時間,放在最重要的人身上了。

蔬菜起司歐姆蛋

2 人份

食材 Ingredients

炒時蔬

洋蔥丁	50g
洋菇丁	50g
紅椒丁	50g
黃椒丁	50g
竹筍丁	50g
番茄丁	50g
櫛瓜丁	50g

歐姆蛋

起士絲	50g
蛋	8 粒
鮮奶油	40c.c
奶油	適量
鹽	1.5g
胡椒	適量

作法 Method

炒蔬菜

01／先將橄欖油倒入鍋中，以大火加熱。

02／接著放入洋菇丁與洋蔥丁炒香。

03／接著加入紅椒丁、黃椒丁、竹筍丁、番茄丁與櫛瓜丁，一起放入鍋內，炒熟後備用。

歐姆蛋

01／將蛋液、鮮奶油與胡椒鹽均勻混合。

02／接著在平底鍋中下奶油，開大火後快速晃動平底鍋，使奶油均勻布滿。

03／接著將調製過的蛋液倒入鍋內，加熱快速攪拌至蛋液呈現半熟的狀態。

04／最後把蔬菜與起司絲放入蛋皮的正中央，快速將蛋皮捲起，將餡料包裹後即告完成。

上菜了，手機先吃

這款《黑魂小漢堡》的幕後推手其實是 LA ONE Kitchen 博愛店的郭彥農師傅（大家都叫他阿農）。

在我們的 LA ONE Kitchen，漢堡一直是熱銷的早餐。早期 Kitchen 的餐點主要是單點，但後來我們發現有愈來愈多家庭、多人聚餐的客人，我發現客群正在轉變，因此便請主廚因應這些客人的需求，設計一些套餐，這款《黑魂小漢堡》因此誕生。

因為它的造型小巧，且麵包是黑色的，所以很受到歡迎，在這個手機先開動的時代，漢堡一上桌，客人往往就興奮地仔細端詳，將黑色的小巧漢堡拍照上傳到社群網站上，其實挺搶眼的。

由於是專為套餐而設計的漢堡，所此漢堡的尺寸也比較小，搭配其他不同料理，整體套餐的感覺會比較豐富。讓大家最驚艷黑色麵包，是加入了墨魚汁。漢堡肉則使用肥瘦比三比七的豬肉，並攪入大量焦化洋蔥，漢堡肉的甜度才夠高。配上芥末、美乃滋與酸黃瓜，就是一道好吃又滿足的美式料理。

有趣的是，《黑魂小漢堡》的故事並沒有結束。原本只是套餐中的一道迷你料理，卻意外受到歡迎，不少客人甚至願意單點。

有老客人回頭吃過幾次後，提出了調整配菜的要求，後來我們也順勢推出豪華版《黑魂小漢堡》，不論鴨肝或松露，保證讓客人吃到滿意。在《黑魂小漢堡》之前，我沒特別想過可以在漢堡裡加入鴨肝或松露，但這樣的表現覺得挺有趣，鴨肝與松露，可以說是法國料理約定俗成的「符號」，把它們加入美式漢堡，風味上的和諧當然是基本的要求，但食材與料理的創意，則是讓人最興奮的事。

黑魂小漢堡

食材 Ingredients

墨魚麵包 —— 70 份

鳥越法國粉	500g
昭和霓虹土司粉	500g
黑胡椒粒	4g
肯瓊粉 （見 P51）	6g
義大利香料	2g
糖	100g
鹽	16g
墨魚汁	100ml
鮮奶油	100ml
硬燙麵	100g
老麵	100g
水	490ml
濕酵母	28g
奶油	60g

漢堡排 —— 120 份

絞肉	6kg
洋蔥	1.5kg
全蛋	6 顆
蒜油	30ml
丁香粉	1g
荳蔻粉	1g
肉桂粉	1g
辣椒粉	1g
胡椒鹽	30g
黑胡椒碎	3g

作法 Method

墨魚麵包

01／除了奶油之外，將所有材料全部入缸，先以慢速
攪拌均勻。

02／再轉為快速拌至有筋性。

03／將麵團拌至有筋性後，下奶油，再以慢速攪拌，
待奶油充分融入後，再快速攪拌一下即可。

04／先計時 1 小時，麵糰翻面再計 30 分鐘，分割 20
公克後計 30 分鐘，即可整型搓圓。

05／整型後進發酵箱（32°C）60 分鐘，即可準備烘烤。

06／將麵團由發酵箱取出，麵團表面塗上蛋水（1 顆
蛋加 10 克牛奶），並撒上白芝麻，接著進烤箱，
上火 220°C、下火 220°C 烤 7 分鐘即完成。

漢堡排

01／將洋蔥切碎，下鍋快炒至上色後放涼備用。

02／將絞肉加入所有食材後，拌勻摔打至有黏性。

03／將絞肉塑型，分成所需重量大小（每份約 50 g），
並揉成圓形即可。

04／最後將墨魚麵包切分為上下兩塊，可依個人喜好
放入生菜、番茄，與其他醬料調味，並加入漢堡
肉排，黑魂漢堡便大功告成！

南部人的古早味

對很多人來說，「番茄切盤薑汁醬油」就是南部人的古早味。「水果沾醬油」看似奇怪的組合，南部囝仔卻是從小吃到大，這也是南部水果店才有的特色。

番茄切盤的靈魂——薑汁，是用醬油、砂糖、薑泥、甘草粉特調製而成，有鹹甜辣三種風味。其實「薑汁醬油」的沾醬可以廣泛應用，海鮮店料理中的汆燙白蝦、螺肉、魷魚，都會附上類似的薑汁醋糖醬，也算台式辦桌的特色之一。

雖然台灣一年四季都吃的到番茄，但是番茄的盛產期在冬天，這時的甜度最高，老一輩人會將冬季的番茄稱為「甘仔蜜」。番茄原產於南美洲的安地斯山區，來到台灣後因為非常適合中南部低海拔的氣候環境，因此主要產地集中在中南部，像是高雄路竹四寶之一就有番茄，這裡也是全台灣數一數二的番茄糧倉。

番茄可說是很有趣的食材，因為很多人好奇，番茄到底是水果還是蔬菜？對西方人來說，番茄就是蔬菜，譬如番茄燉牛肉、茄汁義大利麵都是很家常的料理。

但以「番茄切盤薑汁醬油」來說，這道菜的概念其實也像水果切盤。比較飲食文化的差異，我發覺番茄其實是一種可以角色轉換的食材，它可以是水果，也可以是蔬菜，於是產生了把番茄做成菜的想法。我好奇，如果再把番茄搭配古早味薑汁，可以用什麼方式，重新表現在地文化的內涵？

傳統的番茄切盤通常是使用外皮帶點綠色的黑柿番茄，但我想在這道菜裡，盡可能變化番茄的品種，以營造台灣番茄品種的多樣性。依照品種的不同，調理作法也要改變，譬如牛番茄用烤箱風乾，黑柿番茄、小番茄則去皮後以糖、醋、香草醃漬。

薑汁也是關鍵，傳統的薑汁醬油是把醬油、糖和薑汁三種調味一起調和，我的版本則是將薑汁、糖、醋與番茄汁放入果汁機攪拌過濾後，再加入牛奶和鮮奶油打發成慕斯。

擺盤時將慕斯放在盤中間，番茄圍繞著在旁，維持水果盤的氣質。同樣是一口番茄一口慕斯，但此慕斯已非彼薑汁。

途
—
Pathing
—
204
／
205

番茄切盤薑汁醬油糖慕斯

4 人份

食材 Ingredients

醃漬蕃茄

小番茄去皮	200g
黃色小番茄去皮	200g
牛番茄去皮	200g
黑葉番茄去皮	200g
橙色小番茄去皮	200g
糖	200g
醋	200ml
梅子	3 粒
綠卷鬚	5 葉

薑糖蕃茄慕斯

番茄	2kg
醬油	100ml
薑	250g
白酒醋	100ml
吉利丁	6 片
糖	50g

作法 Method

醃漬蕃茄

將糖、醋、梅子放入鍋中，煮開後放冷靜置，再接著將所有的番茄放入鍋中，泡 12 個小時後，取出番茄備用。

薑糖蕃茄慕斯

01／取 2 公斤的番茄，將之切塊，接著用果汁機打成泥狀。

02／用過濾布（可濾得較細），濾出番茄肉與渣。

03／濾出的成品即為澄清的番茄汁。

04／將濾出的澄清番茄汁取 500g，倒入小鍋加熱。

05／加熱時加入吉利丁，加熱至 85℃後後，拌勻，關火放入冷藏使其凝結。

06／約 6 小時後，取出凝結後的番茄凍，放入調理機打碎。

07／最後將打碎的番茄凍填入氮氣瓶內，擠出後即為薑糖番茄慕斯。

擺盤

01／將醃漬番茄、梅子，依不同色彩，交錯擺放成一圓環。

02／番茄圍出的中央空缺處，則擠入薑糖番茄慕斯

03／最後在番茄與番茄的空隙處，插放綠捲鬚作為點綴，料理即告完成！

找回純粹

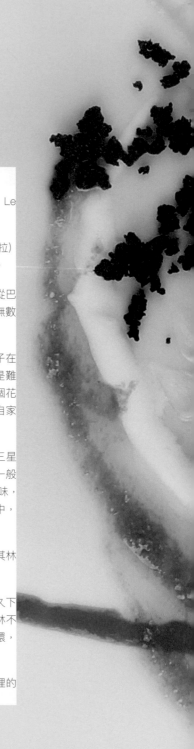

2007 年，Sébastien Bras 接掌了由父親 Michel Bras 創設的餐廳 Le Suquet。

Michel Bras 是法國知名主廚，可說是法國料理現代化的重要推手之一，舉世聞名的 Le coulant au chocolat（熔岩巧克力蛋糕），就是出自 Michel Bras 之手。

Michel Bras 的料理風格自然溫暖，且特別喜愛香草花卉，他的重要作品 Gargouillou（溫沙拉）更大大影響了今日料理人對於沙拉的表現與創新，連帶影響料理中加入食用花的表現形式。

Le Suquet 位於法國南部 Aubrac 區，一個以乳酪與刀具聞名的 Laguiole 小鎮。其實，從巴黎來到這裡，一共需要花費約 10 小時的火車時間與 1 小時的車程，很難想像，每天都有無數來自世界各地的饕客，不遠千里就只是為了品嚐 Sébastien Bras 的料理。

人們千里迢迢地來到 Le Suquet，一方面自然是嚮往 Michel Bras 與 Sébastien Bras 父子在料理界崇高地位。另一方面，Sébastien Bras 作品中對於香草與食用花的應用，實在也是難以複製，幾乎只能在 Le Suquet 品嚐到。Sébastien Bras 和父親在鎮上的農莊建置了一個花園，他們在花園裡種植了約 300 種不同種類的香草；各種風味口感的香草，直接供應給自家的餐廳使用，對比四周貧瘠遼闊的高地，在當地，他們的花園也像是一股美麗的對比。

接掌餐廳的 Sébastien Bras，同樣繼承了父親的才華與韌性，連續多年持續獲得米其林三星的肯定。Sébastien Bras 非常擅長在料理中運用各種不同的時蔬、香草或花卉。不同於一般廚師是為擺盤而放，他則是為了料理的風味，他非常了解各種香草、時蔬，以及食用花的滋味，且能夠聰明地在料理中添加這些細微、精緻，甚至是稍縱即逝的巧妙風味。在他的作品中，蔬食不只是看起來漂亮而已，他創作的，其實是口感與風味的拼圖。

2017 年，恰好是我邀請 Sébastien Bras 來台客座的同一年，Sébastien Bras 公開要求米其林不要再評鑑他的餐廳，此舉也是全球首開先例。

能夠獲得米其林三星的肯定，是許多料理職人終身的夢想。但近 20 年連續評為三星，長久下來肯定造成不少壓力。我試著站在 Sébastien Bras 的立場想像他的感受，主動要求米其林不要再來評鑑，必定招致不少流言蜚語，但他仍然決定發表這樣的聲明，毅然捨棄媒體光環，我認為這需要很大的勇氣。

我想，Sébastien Bras 追求的，或許已經不是外界的肯定，更多的是對於內在，對於料理的創作與初衷吧。

多彩溫沙拉

我在 Le Suquet 餐廳實習時，每天清晨五點就到農場報到，採摘新鮮香草花卉，帶回餐廳當天料理使用。

途
—
Pathing

210
∕
211

Sébastien Bras 的《多彩溫沙拉》，一共使用了 40 多種鮮嫩什蔬、香草與花卉。他更利用不同辛香料、蔬菜和高湯做出 5 種顏色，分別是味道迥異而又彼此和諧的蔬菜泥與醬料。鋪滿的植物鮮蔬，分別經過蒸、煮、煎、烤等不同烹飪方式，最後淋上濃醇雞汁高湯提味。

準備這件作品的過程，宛如一場集體創作，每樣食材井然有序地被分裝在盒內，有人負責蔬菜泥畫盤、有人負責擺盤炒蔬菜、有人負責灑粉。光這一道菜，就由內場夥伴們合作完成，可以發現 Sébastien Bras 給人的「free style」的風格，其實不只食材本身，連烹調的過程都是。

在台灣餐會重現《多彩溫沙拉》時，Sébastien Bras 因地制宜，也使用了台灣本地的食材，但出乎意料的是，台灣版的《多彩溫沙拉》，Sébastien Bras 居然使用了多達 70 種植物。以往我們常認為台灣本地的蔬菜多樣性太少，但經過與 Sébastien Bras 的合作，我才發覺這樣的想法實在太狹隘了。

數大便是美，由《多彩溫沙拉》詮釋起來格外貼切，大量蔬菜、香草與花卉共舞，每一口的滋味豐富且不重複。這件作品不論概念或其風味的展現，都是美不勝收，非常驚艷。

途 —

Pathing

—

212

／

213

米其林主廚大讚的罐頭料理

談到台菜裡的酒家菜，就不能不提「魷魚螺肉蒜」，這正是這道菜的原型。

魷魚螺肉蒜是早期高檔餐廳必備的菜色之一，它也是一道總舖師辦桌料理的傳統手路菜，不只有上餐館才吃得到，我還記得我父母在家也都會烹煮這道正港台菜。

傳統的魷魚螺肉蒜，會以螺肉罐頭作為湯底，加入乾魷魚、排骨、大蒜、香菇，以及大量蒜苗，湯頭也變得濃郁香甜，煮愈久愈入味。由於蒜苗在冬季採收香氣更飽滿，因此這道古早湯品特別適合在冬天品嚐。台灣人喜歡這樣的台味並不稀奇，但我沒想到這一味居然連米其林名廚也喜愛無比。

2015 年底，有「西班牙前衛廚藝大師」美譽的安東尼‧路易斯‧阿杜里斯（Andoni Luis Aduriz）來台客座，當晚餐會結束後，我想帶他們嚐嚐台灣道地海鮮料理，一行人浩浩蕩蕩到了高雄一家在地活海產餐廳吃宵夜。

我們自然也點了這道菜，想不到安東尼吃了大為驚艷，他非常喜歡鹹香又甘甜的湯頭，表示想學習這道料理的作法，甚至靈機一動，在那次餐會臨時更改菜單，創作了一道變奏版「煎鴨肝淋上魷魚螺肉蒜湯汁」。

那次的交流也讓我激盪出新靈感，我從沒發現鴨肝與螺肉湯原來很合拍；這也讓我思考，許多我們的理所當然，或許都是創作的材料。

於是我開始思考，我會怎麼表現法式版的《魷魚螺肉蒜》？

我想拆解，並重組這道經典酒家菜，首先就是不使用現成的螺肉罐頭，取而代之的是新鮮的大風螺。我想以法式高湯的概念，表現螺肉湯，因此我以魷魚乾爆香，再放入中卷快炒，並蒸出風螺肉汁，倒入一起熬煮高湯，最後用些許胡椒與醬油調味，我想做出一款集合鹹、香、甜、甘醬油滋味的醬汁。

由於魷魚螺肉本身就是海鮮，因此我加入了鮮魚肉，乾脆讓它鮮上加鮮。將市場鮮魚煎出金黃色，再把新鮮的海螺與中卷疊放其上。將蒜苗用調理機攪拌成汁，再加入牛奶和鮮奶油打發成慕斯，最後淋上魷魚汁。傳統魷魚螺肉蒜該有的元素一個也不少，但新版的面貌已經不是記憶中的印象了。

魷魚螺肉蒜

4 人份

食材 Ingredients

作法 Method

紅秋姑 / 海螺 / 中卷

紅秋姑	4 片
海螺	16 粒
中卷切絲	100g

魚高湯

魚骨	1kg
水	2.5L
洋蔥	200g
西芹	50g
蒜苗	30q
白胡椒	2g
月桂葉	1 片
百里香	1 支

鮮魷醬汁

乾魷魚	100g
中卷	1Kg
白酒	100ml
魚高湯	1L

蒜苗醬（慕斯）

蒜苗	150g
水	150ml
鹽	2g
三仙膠	5g

魚高湯

01／先將魚骨用清水洗淨。
02／在大鍋中放入洗淨的魚骨、洋蔥、西芹、蒜苗、
　　白胡椒、百里香以及月桂葉。
03／食材放入後，以小火熬煮，過程中須不時撈出雜
　　質，熬煮 50 分鐘。
04／熬煮完成後，以濾網過濾，即可備用。

紅秋姑 / 海螺 / 中卷

01／紅秋姑：取魚菲力，切所需重量，冷藏備用。
02／海螺：蒸熟後取肉，冷藏備用。
03／中卷：取中卷身體，去除兩邊三角形的鰭與粉紫
　　色外皮，切為 5 公分長的細條狀，冷藏備用。
04／出餐前將海螺肉與中卷絲一起炒過。

鮮魷醬汁

01／將乾魷魚與中卷一起拌炒，至中卷上色。
02／鍋內加入白酒與魚高湯一起煮滾後，轉小火熬煮
　　2 小時。
03／熬煮兩小時後，將鮮魷湯汁以紗布過濾，過濾後
　　即可備用。

蒜苗醬

01／先將蒜苗燙過後，放進果汁機，並加水打成汁。
02／將蒜苗汁以濾網過濾
03／過濾後加入三仙膠與鹽調味，完成後備用。

擺盤

01／將魚菲力置於盤中。
02／將炒過的海螺中卷堆疊放在魚肉上，製造堆疊效果。
03／接著淋上蒜苗醬，點出色彩的亮點。
04／最後倒入鮮魷醬汁，即可享用。

星星的守護者

當我開始每年邀請米其林三星主廚來高雄客座的計畫後，我一直都在留意 Anne-Sophie Pic 的相關報導。出身於法國傳奇廚藝世家「琵克家族」第四代的 Anne-Sophie Pic，她的餐廳 Maison Pic，經過百年的傳承，可說是法國料理界的傳奇，也是法國烹飪史的一部分。

經過四代廚藝傳承，其中三代都獲得米其林三星，Anne-Sophie Pic 本人更是米其林評鑑指南創立百年來，第四位被加冕三星的女性廚師，也是法國米其林 80 多年來，唯一的女性三星，也被視為突破性別天花板的先驅。她曾在 2011 The World's 50 Best Restaurants 被譽為全球最佳女主廚，不只是法國唯一掌管米其林餐廳的女性主廚，更曾獲頒法國國家榮譽勳章。

她的料理版圖宏大，跨國經營餐廳，但每家餐廳都能摘下星星，幾乎把「法國廚藝界第一家庭」推到了嶄新的高度。

事實上，Anne-Sophie Pic 並非一開始就踏上廚藝之路，商學院畢業的她，直至 23 歲才進入父親 Jacques Pic 的廚房學習。在此之前，她在世界各國周遊，並於日本短期留學。她有不少件作品，都透露了她對亞洲文化的鑽研與興趣。

由於父親驟逝，Maison Pic 在 1995 年也失去了米其林三星的肯定。Anne-Sophie Pic 對於此事非常難過，她認為自己沒有照顧好父親的餐廳。直到 1997 年，Anne-Sophie Pic 才完整接手餐廳的運營後，她的目標就是拿回家族的星星。

在沒有正規廚藝訓練、且無太多經驗的情形下，她在男性主導的美食界裡愈挫愈勇，她充分表現女性細膩溫潤的料理特質，同時也以強大的廚藝建立起自己的餐飲王國。

Anne-Sophie Pic 的作品，細緻卻很大膽，她偏愛探索各種香料的差別，並透過苦味的開發，昇華芳香的豐富性；在台灣，甘苦相伴是人生的滋味，但運用在料理上，對於不吃苦的法國人而言，是一項艱難的考驗。

Anne-Sophie Pic 作品的另一個特色，就是她「東風西漸」的獨特詮釋。她有不少料理使用了茶葉的應用與延伸，包括茉莉花茶、日本抹茶等，甚至還使用了中國普洱，這也成為她在法式料理界中的鮮明標記。

途
—
Pathing
—
218
／
219

布里乳酪四面餃

2018 年，我終於成功邀請這位法國米其林 80 多年來唯一的女性三星主廚來台客座。Anne-Sophie Pic 來到臺灣後，她希望在餐期空檔時間，可以來一趟在地食材之旅。來者是客，哪有什麼問題，我們除了到微風市集參觀，也走訪高雄在地老茶莊，品味高山烏龍茶，並瞭解製茶過程。她對酸柑茶驚為天人，當下決定購買帶回法國。

作品《布里乳酪四面餃》(Les Berlingots) 即是將東方茶與乳酪配對，以 2005 年份的普洱茶與蕈菇製成茶高湯。乳酪餃的甜潤搭配普洱茶的微苦，創造出平衡但有趣的完美滋味。

「四面餃」是 Anne-Sophie Pic 的獨創手法，也是其代表作品之一；外型看上去猶如迷你粽子，但製作上並非用手捏皮，而是使用刀背，技術難度極高。一般餃子煮後會軟塌，想做出飽滿的四面立體，必須精確掌握外皮與內餡的比例，多一分、少一分都不行。

在法國，傳統的麵餃原本是抹茶口味，來到臺灣，Anne-Sophie Pic 特別入境隨俗改以普洱茶作為茶湯。此外，考量台灣人未必都能接受山羊起司的氣味，因此主廚也將內餡改為風味較為柔和的布里起司與馬斯卡彭起司。上桌後，在客人面前沖入普洱蕈菇高湯，這道料理代表了 Anne-Sophie Pic 在烹飪技藝與醬汁創新上的一大轉折，這件作品也讓我意識到，一流的料理人，就是可以保持原有作品的個性，同時巧妙地與在地食材進行連結。

白雪千層酥

———————

Anne-Sophie Pic 的《白雪千層酥》(White Millefeuille) 則玩了一手表裡錯置的趣味。她把法國經典甜點「法式千層酥」的內與外倒過來做。

料理上桌時，只見一塊雪白極簡的方塊，一旦由側剖面，便可看到玄機。香草奶油裡面隱藏著層層堆疊的脆派皮與茉莉花果凍。搭配野胡椒泡沫，可以一次品味不同的質地。

一般來說，千層酥怕潮，通常會避免接觸太多水分，以免破壞口感。但 Anne-Sophie Pic 的《白雪千層酥》則是把千層酥變成餡，外層還擁有白毫茶與茉莉馨香的風味層次，這樣的作品，只有精確掌握製作與出餐時間才有辦法完成。

爸爸的湯

每次提到家常料理，我就會不經思索地想起《羊肉雜糧湯》。因為這道菜是我以記憶中父親熬煮的羊肉湯為基底，改良自蘇格蘭雜糧羊肉湯的作品。

我的父親其實不太會煮菜，他只擅長幾道料理，當歸羊肉湯就是其中一道。我永遠記得父親去菜市場買羊肉，把羊肉加上當歸和米酒，放在電鍋燉湯。父親還會準備切好的薑絲，等燉好羊肉湯後再放上。在我年輕的時候，晚上回家，看見電鍋裡面的羊肉湯，那是一種父親表達關心的方式。

父親煮的羊肉湯，讓我印象深刻，才想到何不結合蘇格蘭的湯品元素，選用上等羊肉與大量蔬菜清燉重新改良製作新版的《羊肉雜糧湯》。改良版的《羊肉雜糧湯》更像是一道歐陸蔬食，高湯以羊肉與各種蔬菜丁一起燉煮，捨棄當歸的強烈香氣，但改放入松子與迷迭香，喝起來感覺是一道西式湯品。

後來 LA ONE 規劃推出外帶年菜，《羊肉雜糧湯》也被加入菜單，為了因應年節我再次修改配方，2.0 版本的《羊肉雜糧湯》當歸重新歸隊，並替換蔬菜丁，湯品再次恢復中式底韻，湯頭也回到最初的起點。

基底同樣是當歸羊肉湯，但當歸僅加入一小片，分量不多，不易反苦。高湯裡再加入熬煮成粥的雜糧，既富含營養價值，飽足感也大幅提升，撒上松子增添爽脆口感，嚐起來好似四神湯，也有羊肉湯、羊肉爐的風味，但更加清爽。

父親做的當歸羊肉湯，僅有羊肉、當歸、薑絲和米酒，樸素簡單。我想增加這道湯品的飽足感，於是放入雜糧，以類似煮粥的方式表現，也更接近西式料理用料與吃法。

父親用電鍋燉湯，我則是採用小火燉煮，大約燉煮 1.5 小時，燕麥、麥片、小麥、蕎麥、糯米、小米、薏仁、高粱米就成為口感 Q 彈、又易消化吸收的雜糧粥了。

對我來說，《羊肉雜糧湯》是道很具紀念意義的料理，當歸羊肉湯食性溫潤，原本就很適合冬令進補，現在我只有回老家，逢年過節才會親自下廚，做這道有故事的菜給家人吃了。

羊肉松子雜糧湯

12 人份

食材 Ingredients

羊肉湯

冷凍羊肩捲	1.2Kg
水	2L
當歸	15g
薑	15g
米酒	30ml

雜糧

糙米	50g
燕麥	50g
小米	50g
紅米	30g
蕎麥	30g
裸麥	30g
珍珠米	50g
薏仁片	50g
小麥	30g
三色藜麥	10g

松子

松子	50g
綜合雜糧	10g

作法 Method

01／將羊肩捲肉片放入鍋中，加水以大火煮開，煮開後撈出鍋內的雜質。

02／接著在鍋中加入當歸、米酒、薑；並將糙米、燕麥、小米、紅米、蕎麥、裸麥、珍珠米、薏仁片、小麥以及三色藜麥等綜合雜糧也入鍋，轉小火燉煮 60 分鐘。

03／煮至羊肉軟化後，可依個人喜好以鹽或胡椒調味備用。

04／上桌前，最後再於碗中加入松子，以免松子口感太軟，即可享用。

菜尾

「雜菜湯」，字面上不難理解這道菜的意思，這道菜在中南部還有另一個更生動的名稱——菜尾湯，閩南語的意思，就是把吃剩的菜餚，混合變成一道什錦湯品。

菜尾湯的由來，與台灣的辦桌文化息息相關。早期的農業社會，由於經濟條件差，大部分家庭的生活簡單樸素，相比之下，婚慶宴席的菜色可說是山珍海味。在宴席結束後，主人家會將未食用完的剩菜倒入大桶，混裝分送給親朋鄰舍，與大家分享。回家燴煮，再配上一碗白飯，就成為當時餐桌上的美味了。在那個貧窮的年代，菜尾湯可是左右鄰居都搶著要的珍貴美食！

我經歷過那個貧困的時代，還記得小時候我就很喜歡雜菜湯。湯裡雜七雜八、什麼都有，有時撈到干貝、魚翅，有一種撿到寶的小確幸。

不同的西方的料理邏輯，講究食材、分量、與步驟，雜菜湯的本質就是「即興」，沒有固定的配料，口味也很多元。這樣說來，雜菜湯也接近佛跳牆，但它的湯頭卻清爽許多，不似佛跳牆濃稠厚重。現代化後，好吃好玩的食物愈來愈多，雜菜湯終於被人遺忘。近年出現的懷舊風氣，間接帶動一股老台菜風潮，逐漸失傳的雜菜湯，才有機會以全新的樣貌重出江湖。

我一直覺得「菜尾」，其實是台灣飲食文化美好且重要的回憶，大鍋菜裡放入封肉、魚丸仔、羹料，各種熟食混合在一起，經過發酵產出的特殊香氣，那是一股嗅來陳年，但明明又很新鮮的味道，很難複製。

雖然現在的社會相對富裕，但對時下的上班族或小家庭來說，《雜菜湯》很適合作為家裡的常備菜，下班回家輕鬆煮就可以開動。

當我還在台南法式餐廳工作時，常負責料理員工餐，心血來潮我就會煮《雜菜湯》。由於可以就地取材、隨性加料，譬如排骨、蔬菜、山東白、高麗菜、菇類等，儘管使用的都是簡單平凡的食材，但通通集合在一起，也能打造不平凡的滋味。後來我到了高雄，老同事們悵然若失，聽到他們對我最深刻的想念，居然是我煮的員工餐，真是令我啼笑皆非。

2020 年我的母親開刀，為了提振她的食慾，補充營養，我重新把《雜菜湯》拿出來複習。這道湯品的最大優點，就是可以自由搭配喜歡的食材，像我自己喜歡冬瓜薑絲蛤蜊湯、大黃瓜和魚丸的丸仔湯，我就會把這些食物加入湯裡。為了讓母親吃得開心，我還加了排骨、土雞肉、豬肚、高麗菜、山東白、金針菇、杏鮑菇，零零總總超過十樣食材。

《雜菜湯》要好吃，分量是關鍵，量要做足；多元、豐盛以及滿足的心情，才是這道功夫菜要傳遞的真正意義。

雜菜湯

此道料理無特定配方，可依個人喜好調整食材和分量

食材 Ingredients

主食材

水	10L
黑羽土雞切塊	半隻
排骨	0.5kg
豬肚	0.5kg
貢丸〔魚丸〕	0.5kg
高麗菜	1kg
山東白	1kg
木耳	200g
乾香菇	100g
杏鮑菇	0.5kg
金針菇	0.5kg
冬瓜	0.5kg
洋蔥	0.5kg
紅蘿蔔	0.5kg
白蘿蔔	0.5kg
薑片	適量
蒜頭	適量

副食材

中卷	0.5kg
蛤蠣	0.5kg
皇帝豆	0.5kg
南瓜	0.5kg
胡椒	適量
鹽	適量

作法 Method

01／將主食材全部放入大鍋中，以大火將水煮開後，撈出湯裡的雜質。

02／雜質撈除乾淨後，轉小火，持續慢燉 80 分鐘。

03／接著放入副食材，繼續烹煮約 10 分鐘後，關火依個人喜愛以胡椒與鹽調味，即可上桌。

04／「菜尾」有趣的地方就是什麼都可以加入鍋中煮，因此主副食材也可依照個人喜好調整，不經久煮的食材，則建議作為副食材添加。

我愛肉燥

「肉燥飯」可說是台灣國民美食的經典，俗語說內行人吃門道，外行人湊熱鬧，每個台灣人，心中肯定都有一碗冠軍肉燥飯。

身為法餐主廚的我，其實也是肉燥飯的擁戴者。喜歡吃肉燥飯的我，在 2020 年，有幸受邀擔任「高雄肉燥飯爭霸賽」的評審團成員。評審們花了兩天，吃遍大高雄在地 30 組專業肉燥飯店家。從沒想過，身為一位法餐主廚，還有這樣難得的經驗，可以品嘗不同的肉燥風味。

台灣的古早味肉燥，帶有豪邁奔放，草根氣味十足的氣質。老一輩的作法最純粹，也最簡單。材料是醬油、冰糖、紅蔥頭、米酒、絞肉，絞肉特別講究，通常都是手工切製，恪守瘦肉與油花的特定比例。滷煮的時間長短則是各家獨門秘訣。

各家肉燥飯都有自己標榜的特色，有的用五香粉提味，有的用大蒜爆香，有的加入紹興酒翻炒，也有人變化滷汁，混搭台味與和風的醬油香。就是戲法人人會變，巧妙各有不同。

作為料理人，連續品味各式各樣的肉燥，真的挺有意思的，就算已經是常民美食，但其中的鹹、甜、甘、苦、酸、色，每種滋味都沒有標準答案，如何鋪陳口感、香氣，甚至擺盤，全是功夫和學問。

坦白說，對於日夜接觸法國料理的廚師而言，平時大多只想吃些簡單的家常便飯，肉燥又是家常料理的經典，配飯拌麵都好吃，很難不喜歡。忘了從什麼時候開始，肉燥順利成章，成為我們員工餐的中堅份子。

有趣的是，吃遍大小菜餚的老客人們，對於餐廳員工餐，總有不尋常的想像。有一年，我就把員工餐的肉燥，當作週年謝禮送給 VIP 客人，沒想到大獲好評，因此做成即食調理包，方便快速烹煮。藉著這次出書，乾脆公開我的《肉燥》食譜，歡迎肉燥愛好者自行烹煮。

我的《肉燥》，屬於「古早味」風格，採用乾蔥酥、蒜頭、薑末、醬油、米酒、五香粉、八角等傳統調味。使用屏東家香豬做成的絞肉，經過長時間燉熬，具有滿滿膠質，滷得油亮有醬色。就算只是「攪鹹」（飯只淋上醬汁），鹹香微甜的口味已很開胃。

肉燥之所以被稱為「經典」，多半是因為台灣人的飲食習慣，以及我們生命中擁有共鳴的味覺記憶；把白飯、滷汁以及滷肉，稀哩呼嚕扒進嘴裡，具有莫名的快感，也是台灣人共通的回憶。

肉燥

10–12 人份

途
—
Pathing
—
232
／
233

食材 Ingredients

五花肉切丁	600g
紅蔥頭片	60g
蒜頭片	10g
薑碎	5g
八角	1 粒
胡椒	0.3g
醬油	40ml
砂糖	23ml
米酒	20ml
水	400ml

作法 Method

01／將五花肉切丁備用。

02／將紅蔥頭、蒜頭、薑炒香。

03／接著放入五花肉丁，炒至上色後，放入八角、醬油、砂糖繼續炒香。

04／放入米酒、水一起蒸煮約 1 小時，調味後即可。

把菜燕變成糖果

台灣的夏天炎熱，在那個便利商店還未普及、手搖飲料還未流行的時代，冰涼退火的青草茶以及冬瓜茶，都是早期台灣人相當熟悉的傳統古早味懷舊飲品。每到夏天，街頭巷尾都可以看見專賣青草茶或冬瓜茶的小攤車，許多人甚至會在家裡自己熬煮。若把青草茶與冬瓜茶視為台灣人夏天普遍的飲食記憶，我想幾乎所有人都會同意。

冬瓜茶一直是早期台灣飲食文化中的重要元素，除了作為飲品，在台灣的飲食文化中，冬瓜也會以甜點的形式呈現，譬如南部傳統婚禮習俗裡就有俗稱的「食新娘茶」；婚禮新人回男方家後，新娘就會端上冬瓜糖、蜜餞或糖果，奉敬給登門送禮祝賀的各方賓客。

我因此想到何不把冬瓜茶變成冬瓜糖？把大家過往的回憶，變成一個甜點，如果可以再把復古感和現代結合在一起，應該會很有趣。我想到另一個台灣的夏季古早味點心，菜燕（洋菜）。

看起來像果凍，其實是一種由藻類提取的膠質，四五六年級生如果常去傳統市場採買，相信四五六年級生，對於菜燕應該都不會太陌生。傳統的菜燕凍，熬煮冷藏後，就會凝固變成果凍狀，最常見的就是冬瓜茶菜燕，其他還有黑糖菜燕或杏仁菜燕。

在法國料理中，「法式軟糖」是他們傳統的糖果點心，是以新鮮水果、果泥與果膠熬煮烘烤後製成。從這個概念繼續延伸，我因此想做一款，菜燕有沒有可能以類似法式軟糖的方式來詮釋呢？

我把調製過的冬瓜菜燕烘乾兩日，讓軟糖的外緣脆硬，但內裡的口感則保留菜燕凍的柔軟，食用者在品嚐時可以同時感受到兩種反差的口感。

既然是糖果，那當然不能只有一種口味。從常見且熟悉的食材中找尋靈感，後來陸續了設計「洛神糖」與「荔枝糖」。一次參加「雜草稍慢 Weed Day」的雜草茶課程，我發現原來早期農村一直都有使用不同草煮茶的文化，因此也製作了「青草糖」。

作為法餐收尾的甜點，如果可以加入大家熟悉的味道，一定會讓大家留下一個愉快且印象深刻的 ENDING。從這個角度來看，我一直覺得把菜燕變成糖果，是個可愛的好主意。

菜燕糖

約 234 顆

食材 Ingredients

Brix58% 冬瓜糖漿	3200g
寒天粉	40g
細砂糖	120g
切成 4*1.5cm,	約 234 顆

作法 Method

01／ 所有材料放入湯鍋拌勻並煮沸。

02／ 將煮沸的糖漿入模，放置於常溫，等待糖體凝結。

03／ 待糖漿凝固後，即可切片。

04／ 將切片後的糖塊，放入烘乾機，以 40℃的溫度，
　　　至少烘烤 48 小時，烘至糖殼形成，即可亨用。

途
一
Pathing
一
236
／
237

向師傅學習

在我 23 歲，剛退伍的時候，曾在高雄環球經貿聯誼會工作，那時候的我還是小學徒，也是在那個時候，我遇見我的恩師鍾國芳師傅，他是一位非常嚴謹的老師。

鍾師傅有一道甜點，他把馬斯卡彭起司以漂浮冰淇淋的方式呈現，我一直記得那道甜點，一方面覺得好吃，一方面也佩服師傅怎麼可以想到這樣的變化方式。

直到自己開了餐廳，在設計菜單的時候，不知怎麼就想到這道甜點。我也希望自己的菜單裡，可以有一道把傳統甜點「變奏」的料理。

有了初步的設計方向，我對甜點主廚說，我們可不可以來做一道「變奏版」的提拉米蘇？

結果就有了這道《變奏提拉米蘇》，而它也不負眾望，成為餐廳裡很受歡迎的甜點，可說是餐廳招牌甜點之一。

選擇提拉米蘇的原因很簡單，因為它很經典，也很受歡迎。大眾對它的辨識度與接受度都很高，可以說是一道很基本甜點。但也因為如此，怎麼讓這樣一道大家都認識的甜點，作為完美一餐的收尾，就很考驗主廚的功力了。

我們選擇先把提拉米蘇拆解，再重組；過程中，冉加入一些新的元素。提拉米蘇的兩大元素分別是手指蛋糕與咖啡糖液。一般常見的作法是把手指蛋糕浸泡在咖啡糖液中，但我們把咖啡糖液獨立出來作為醬汁。由於我希望這道甜點口味是比較強烈的，所以我們增加了咖啡的比例，讓咖啡的味道再更厚重。

拆解的同時，我們也加入了一些新元素。高雄天氣熱，南部人喜歡吃冰，所以我們加入了冰淇淋，另外我們還加入了杏仁酒凍與杏仁掛霜，加入一些堅果風味。品嚐這道料理時，可以嚐到軟綿的手指蛋糕、滑順的冰淇淋、QQ 的酒凍、還有酥薄的咖啡脆片；再搭配咖啡、馬斯卡彭與堅果的風味，口感的滋味非常豐富。

變奏提拉米蘇

50 人份

食材 Ingredients

手指蛋糕

┌ 蛋黃	100g
└ 糖	67g
┌ 蛋白	150g
└ 糖	67g
低筋麵粉	133g

馬斯卡彭冰淇淋

糖	155g
冰淇淋穩定劑	8.6g
轉化糖	43g
牛奶	978g
脫脂奶粉	67g
葡萄糖粉	105g
蛋黃	69g
馬斯卡彭	300g

咖啡泡泡

咖啡水 64g	
┌ 糖度 30 糖水	25g
│ ┌ 糖	14g
│ └ 100℃熱水	11g
├ 100℃熱水	37g
└ 即溶咖啡粉	3g
濃縮咖啡	20g
三仙膠	1g

杏仁酒凍

熱水	80g
糖	14g
吉利丁粉	5g
莎羅娜杏仁酒	30g

杏仁掛霜

帶皮杏仁果	30g
糖	10g
水	4g

咖啡薄脆片

咖啡水	100g
玉米粉	10g

作法 Method

手指蛋糕

01 / 將蛋黃與糖、蛋白與糖分別打發，再加入低筋麵粉一起拌勻。

02 / 於烤盤上擠成相連長條狀，撒上糖粉，以烤箱溫度上火190℃，下火180℃，烤13-14分鐘出爐備用。

馬斯卡彭冰淇淋

01 / 所有材料拌勻，入袋真空密封，冷藏放至隔天。

02 / 以 85℃，蒸 1 小時後，取出放冰塊水冷卻降溫至4℃，倒入冰淇淋機製成冰淇淋。

03 / 取方框模，底部放一層手指蛋糕，趁冰淇淋質地較軟的時候灌入模中，抹平再蓋上一層手指蛋糕，入冷凍庫存放定型。

咖啡泡泡

01 / 將即溶咖啡粉、糖度 30 糖水與 100°C 熱水，一起攪拌調製成咖啡水。

02 / 取 64g 咖啡水加入濃縮咖啡液和三仙膠後，再以手持均質機打勻至起泡。

杏仁酒凍

01 / 取吉利丁粉 5g 與常溫飲用水 25g（比例為 1：5），混合拌勻之後靜置，待吉利丁粉完全吸飽水分後，方可使用。

02 / 將 100°C 的熱水、吉利丁凍、糖與莎羅娜杏仁酒所有材料攪拌均勻，全吉利丁凍完全融化後，放進保鮮盒冷藏一天，使其凝結成凍，直到使用前再切成細碎狀。

杏仁掛霜

01 / 帶皮杏仁切碎，烤熟。

02 / 加入煮至 120℃的糖漿，炒至反砂狀態即完成，乾燥保存備用。

咖啡薄脆片

01 / 所有材料一起煮滾，降溫，抹成薄片。

02 / 烤箱溫度上火 170℃，下火 170℃，烤 8-9 分鐘，取出塑型。

擺盤

將馬斯卡彭冰淇淋切至所需大小，放置盤中，放上杏仁酒凍、杏仁掛霜、咖啡泡泡，最後點綴咖啡薄脆片，即可享用。

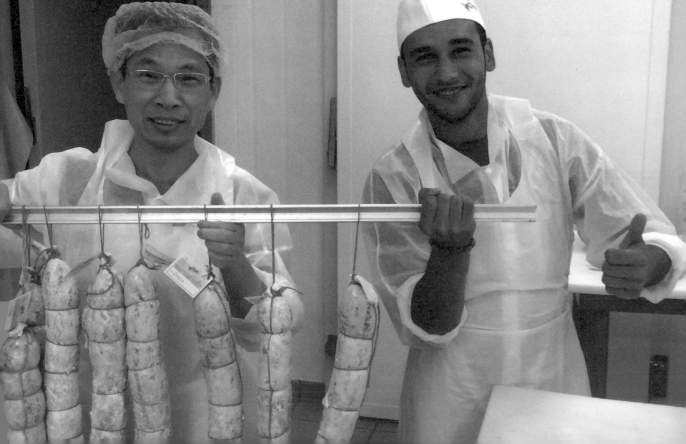

後序

出書這件事已在我腦海徘徊很長的一段時間，雖然很想和大家分享做菜的想法，但坊間食譜書其實已非常多元及專業，足夠大家尋找做菜靈感，若不夠特別是否沒有出書的必要性，因此我一直沒有積極去執行。

我曾問過法國巴黎米其林二星主廚 Christine Le Squer，許多的名廚都有出書，為什麼你不出食譜書？他的回答很有趣，他告訴我：「因為我想保持神秘感，若想了解我的料理，請到我的餐廳來用餐。」

不過我有另外的看法，其實每個人都是獨一無二的個體，經歷也不一樣，做菜風格更是不盡相同。剛好餐廳這幾年成立了品牌部門，我向我的品牌部經理莊凱甯 Karen 提到出書這件事，她認為相當好，並協助我規劃，也非常感謝城邦出版社 La Vie 的社長林佳育以及圖書主編葉承享的積極幫忙。

這本食譜書以故事為主軸來敘述我的味覺旅程，每一道料理皆記錄著我與家人及夥伴們共同的回憶錄，每一趟旅行都因為味覺給了我更深刻的記憶。像是本書裡的煙燻鮭魚，讓我清楚記憶短暫在法國的生活遇到的人、事、物，那趟旅程的目的是為了瞭解法國的飲食文化，以及我對於法國味道的尋找與確認。以及去年和女兒一起到英國待了十天，在那兒無意間吃到的美食也成了美好的回憶。

味覺具有記憶，可能來自家鄉或是旅行的經驗。小時候我的阿嬤很會做菜，尤其喜歡她做的「菜丸仔」。簡單又美味，那是融合了各式各樣蔬菜，做成的炸丸子，以前沒錢買點心，這就當作我們的小點心，現在回想起覺得相當有趣。我的媽媽其實年輕時沒有太多做菜的經驗，但熟能生巧，漸漸也把上一代的味道傳承下來，我的女兒最愛阿嬤的「瓜瓜湯」，而我對於父親的羊肉湯也是充滿回憶。

對於「好農食材、友善土地」，一直是我很想協助推廣的事情，記得早期坊間的有機食材店裡會兼賣有機餐食，但因為許多都是老闆兼主廚，也沒有專業料理背景，因此做出來的料理，經常被客人說：「有機料理不好吃。」其實不是有機產品的出問題，而是料理者的技術問題。這也讓我更想一起推廣有機料理，破除當時大家對於有機料理及食材不好吃的印象。

當時的我想朝著這方向努力，但一想到要將菜單全部換成有機食材，才意識到這實在是非常不容易的一件事，當時陷入了理想與現實的困境。但這個議題在國際上其實推行許久，很多餐廳皆已投入友善環境與在地食材運用的行列，直到好友徐仲帶我到義大利的杜林參觀「慢食展」，當時才辦第二屆的慢食展，其實規模之大震撼了我，我想國際間已經這麼多人投入這議題，而我們還在等什麼呢？

後來回到台灣我就先從高雄微風有機市集開始尋找食材，我漸漸地認識愈來愈多的農友，「好農美食地圖」就這樣形成了，我很開心這十幾年來友善土地的概念已經成熟，大家都在為這份土地盡一份心力。

很高興能與大家分享我的料理旅程，這些年來受到很多人的幫忙我相當感激，很慶幸自己能踏上餐飲這條路。同時也很感謝我的好友陳千浩老師的協助，才能完成一年一米其林客座與國際名廚的合作與交流，也謝謝我強而有力的團隊：邱泓訓、林麗香、簡忠賢、吳柏翰、潘群欣、蔡景竹、郭彥農、鄭為元、李淑芳、莊凱甯等，一起協助完成這本書。